本科规划教材

DIANZI KEJI SHI

电子科技史

赵　轲◎主编

电子科技大学出版社
University of Electronic Science and Technology of China Press
·成都·

图书在版编目(CIP)数据

电子科技史 / 赵轲主编. -- 成都 : 成都电子科大出版社, 2025. 8. -- ISBN 978-7-5770-1613-9

Ⅰ. TN-091

中国国家版本馆 CIP 数据核字第 2025UL9857 号

电子科技史

DIANZI KEJI SHI

赵 轲 主编

策划编辑 岳 慧
责任编辑 刘亚莉
责任校对 郑宇虹
责任印制 段晓静

出版发行 电子科技大学出版社
成都市一环路东一段 159 号电子信息产业大厦九楼 邮编 610051
主 页 www. uestcp. com. cn
服务电话 028-83203399
邮购电话 028-83201495

印 刷 成都市锦慧彩印有限公司
成品尺寸 170 mm×240 mm
印 张 9
字 数 210 千字
版 次 2025 年 8 月第 1 版
印 次 2025 年 8 月第 1 次印刷
书 号 ISBN 978-7-5770-1613-9
定 价 58.00 元

序

聚焦历史的尺度，地球已经存在了约46亿年，生命已经存在了约34亿年。而今天我们要谈论的主题——电子科技，在历史中所占的比例还不及它们的零头，但电子科技又是这个时代无法避开的话题。让我们近距离观察这“短暂”的文明：电子科技在短短200多年的时间里，已成为推动社会发展和文明进步最闪耀的火花之一，并且仍在迸发，仍在闪耀。

1752年，本杰明·富兰克林如普罗米修斯一般，从天“盗”电；1844年，塞缪尔·莫尔斯从华盛顿向巴尔的摩拍发了人类历史上第一封莫尔斯码的电报，感叹“上帝创造了何等的奇迹”；1896年，汤姆逊在世界物理学中心的卡文迪许实验室，终于“抓住了”电子，开始定性地探索；20世纪，电子管、晶体管、集成电路……如火花般爆发式演进。这些技术火花迅速扩散，从人类的兴趣出发，发展为科学研究，随后延伸至军事应用，进而拓展到科技产业，最终浸润生活的方方面面，无所不在。在这个时代，我们只能用“电子+”去泛化地形容它所遍及的领域，电子的火花与人类的历史进程同步。

闪耀而短暂的200多年，从哪里开始？又为何如此闪耀？还将去向何处？倘若我们往前追溯，大致是人类朦胧的摸索，先驱们在玩“不可控”的火；如果我们往后思考，这些火种还在延续，且“可控”“可用”，在被持续驱动。本书将如卫星般鸟瞰全程，又将如在显微镜小孔中窥探微观之火及其粒子结构。

本书从电子科技的起源与进化、通信史、雷达史、广播电视史、电子测量仪器史、电子元器件史、电子计算机史、电子科技产业的全球化等八个方面梳理了电子科技的发展历史，旨在引导学生建立科技史观，从历史维度理解个人、行业与知识体系的定位，具体实现以下三个目标：第一，培养学生的科技史观，通过对历史规律的分析与反思，增强其对科技演进脉络的把握，帮助学生在科技发展中明确自我定位；第二，塑造学生的横向全局视野，借助跨学科融合的课程内容与研讨设计，推动他们进行多维思维训练与知识整合；第三，立足全球视角审视电子科技的演进与中国电子科技产业的发展，通过培养学生的全球化视野，助力学生在未来走得更远。

这将是一次探索电子科技起源的美妙之旅，也将是一个洞见未来的机会。

Contents

目 录

第一章　电子科技的起源与进化

什么是电子?

电子是构成原子的基本粒子之一，与之共同构成原子的粒子还有质子和中子。质子带正电，中子不带电，而电子带负电。在物质世界中，与电子存在相关的还有重力、电磁和核反应等现象。

我们所在的世界，是人类不断探索边界、不断更新认知的世界。人类的先祖们最初对名叫“电子”的这一物质一无所知，直到1897年，约瑟夫·约翰·汤姆逊(Joseph John Thomson)小组发现了电子的存在。

当下，电子的科学技术已经成为人类生产、生活中最不可或缺的部分，也是推动社会发展最活跃的动力。

本章分为五个小节：第一节讲述电的起源，探究电从何而来；第二节讲述磁的起源与电磁的互相作用，让大家了解电与磁不分家，电与磁在电子科技发展历史中呈双螺旋式的发展轨迹；第三节介绍电磁理论的产生和证实，发现人们从感性探索出发，开始对电磁进行理性的量化研究，归纳总结出了内在规律，并随着近代实验科学的兴起，通过实验对其进行验证；第四节再次回到人类对物质的认识，从物质的微观角度回溯对电子相关模型的理论与实验探讨；第五节讲述随着第三次浪潮的来临，与电子共生的各个领域出现了大飞跃，信息革命推动全球一体化。

在本章内容中，人、物和事件的时间节点可能无法被清晰分割，当中有交叉、重叠之处，但可以帮助大家构建起人类认识、观察和控制电与磁的历史发展框架。

1.1 电的起源

人类对于电的初识，可以追溯到公元前600年的希腊先贤泰勒斯(Thales of Miletus)。泰勒斯是希腊哲学的鼻祖，主张“水本原说”，是第一位用哲学方式表达宇宙本原思想的哲学家，第一次实现了从神话到哲学的革命。他发现，毛皮与琥珀摩擦，可以使得琥珀具有吸引力，琥珀的希腊文直译后为 electrum，恰好是 electron(电子)。不过，直到汤姆逊才正式使用这个词去描述电子。

泰勒斯是古希腊哲学四大学派之一米利都学派的创始人。古希腊文明开端于爱琴文明，正是这个时代产生了四大哲学流派，即米利都学派、以弗所学派、毕达哥拉斯学派和爱利亚学派。米利都学派、以弗所学派发端于小亚细亚地区。这是东西方文明交汇之地，也靠近古巴比伦文明和古埃及文明，所以这里的人思想活跃，哲学思想也最早产生于此。那个时代的哲学主要探究世界本原的问题。例如，泰勒斯主要有两个主张，一是世界的本原是水，即世界是由水构成的；二是物有灵魂，比如琥珀能够吸引小碎屑，是因为它有灵魂。可以说，泰勒斯对电的探索主要来自对自然的观察和记录。

中国东汉哲学家王充在《论衡·乱龙》中描述“顿牟掇芥(dùn móu duō gài)，磁石引针”，顿牟是指琥珀，芥是指干草、纸屑等。意思是，琥珀可以吸引干草、纸屑等轻小物体。可见，在中国也很早就有对电的观察，对摩擦生电的记载。

无论是西方还是东方，早期人类对电都只有直接或间接的观察和记录。到后来很长一段时间内，无论是用琥珀摩擦直接感受电刺激，还是去吸引轻小的羽毛，电始终都是人们娱乐、猎奇的玩物，那时操作电的人更像是一位魔术师。直到一些与电有关的发明开始出现，同时欧洲的启蒙运动开始发展，人们才逐渐用理性去质疑世界，用哲学去思考自然。现代意义的科学似乎在孕育，而电也逐步被更理性地探索。

英国科学家斯蒂芬·格雷(Stephen Gray)提出，电可以随着导线传导，而且导体和绝缘体有区别。格雷晚年生活在卡尔特救济院，他于1729年做了电传导实验，如图1-1所示。他用霍克斯比起电机产生静电，在导线的右侧A端用带静电的棒接触导线，而在导线的左侧B端用象牙球吸引起铜屑。因此，他将物质划分为两类，将把电保留在自己内部的物质定义为绝缘体，将电流可以通过的物质定义为导体。但是，仍有一件事使他非常沮丧，即产生的电无法长期存储，它通过导体后总是传播出去便消失了。

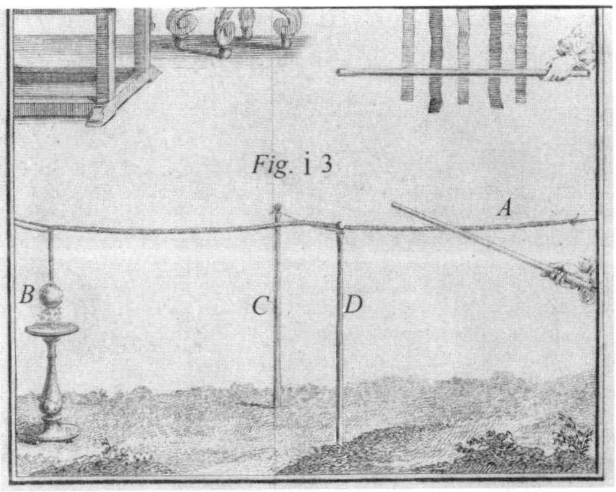

图 1-1　斯蒂芬·格雷的实验图

法国化学家查尔斯·弗朗索瓦·杜菲(Charles-Francois du Fay)在 1733 年区分了摩擦生电的性质：摩擦琥珀产生的电，吸引带电丝线，为“正”电；摩擦玻璃产生的电，排斥带电丝线，为“负”电。

在 1745 年的荷兰城市莱顿，莱顿大学的教授彼得·范·穆森布罗克(Pieter van Musschenbroek)，制造了人类历史上第一个可以存储电荷的容器，将电成功存储起来，这个容器被称为莱顿瓶(leyden jar)。它实际上就是一个电容，玻璃瓶内外分别是两个电极板。两个电极板可能是水、水银或者金属箔等不同材料制作的，中间由绝缘的玻璃隔开。穆森布罗克在做实验时，便是用琥珀球摩擦生电，之后传导到莱顿瓶之中，将电保存在两个极板之间的。图 1-2 所示的是收藏于莱顿的布尔哈夫博物馆的各种尺寸的莱顿瓶，以及由几个莱顿瓶组成的电池。

图 1-2　18 世纪 60 年代生产的莱顿瓶和由莱顿瓶组成的电池(荷兰莱顿布尔哈夫博物馆藏)

1787 年，英国物理学家亚伯拉罕·班纳特(Abraham Bennet)用金箔验电器(gold-leaf electroscope)来检验物体是否带电。图 1-3 左边的就是意大利罗马大学保存的金箔验电器。使用该验电器时，带电量越大，金箔张开的角度就越大。类似的验电器还有1754年的抛球验电器。

图1-3　金箔验电器(左)和1754年出现的抛球验电器(右)(意大利罗马大学藏)

英国科学家迈克尔·法拉第(Michael Faraday)，于1831年提出了电磁感应原理，指出变化磁通量中的导体会产生电动势，并命名了“阴极”和“阳极”。简单来说，电磁感应原理就是磁生电。法拉第在职业生涯初期，担任英国皇家学会会长汉弗莱·戴维(Humphry Davy)的助手。法拉第在1821年设计了电磁旋转器，就是今天直流电动机的雏形。图1-4所示为法拉第的电磁旋转实验，在实验装置的左边底座通正电，右边底座通负电，容器中装入水银，顺时针搅动左边的磁针，右边的导体棒会围绕磁棒旋转起来。

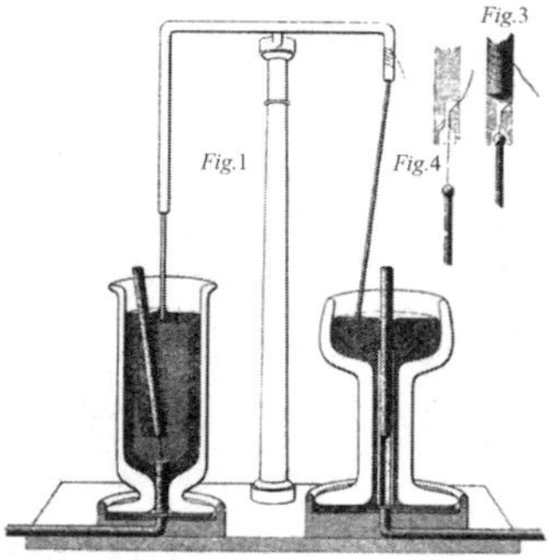

图1-4　1821年的法拉第电磁旋转实验

法拉第在化学方面也多有建树，如发现了苯等化学物，提出了电解定律。他在1834年宣布了两条电解定律，明确规定电解所需力的大小。在一定量的电力下，在电化学电池的电极上，释放出与其化学当量成正比的化学物质。换句话说，化学亲和力是作用于分子水平的电力。

之后，英国工程师詹姆斯·维姆赫斯特(James Wimshurst)，于1880年提出、1882年完善了维姆赫斯特起电机，如图1-5所示。维姆赫斯特起电机利用静电感应原理(而非单纯摩擦生电)产生高电压，成为19世纪末经典的静电发生装置，曾被用作早期 X 射线管的电源。该装置由两个反向旋转的绝缘材料(如玻璃)圆盘构成，圆盘边缘均匀分布着金属导体片。当圆盘旋转时，固定电刷与金属导体片接触，通过静电感应产生电荷分离；这些电荷随后被金属梳状收集器捕获。产生的电荷既可储存于莱顿瓶等电容装置中，也能在两球形电极间产生高压放电火花。

图 1-5 维姆赫斯特起电机

意大利佛罗伦萨科学技术基金会的保罗·布伦尼(Paolo Brenni)，使用了一台100 多年前的起电机生成电，并将生成的电存储到莱顿瓶当中，最后又将莱顿瓶中的电释放。保罗在筹建该基金会的物理史陈列室时，修复和复原了意大利托斯卡纳地区过去 300 多年的物理学仪器，并拍摄了最后一次使用它们的视频。

从本节中可以发现，电来自人类的偶然发现，来源于未知。曾经在很长一段时期里，电作为魔术供人娱乐，人类又通过不同的方式观察它、体验它，最终好奇心驱使着人类探索如何去“制造”它。

1.2 磁的起源与电磁的相互作用

磁是从何而来的呢?

罗马共和国末期的哲学家卢克莱修(Titus Lucretius Carus)最早记载了磁石可以相互吸引，也可以相互排斥。他是伊壁鸠鲁学派哲学的学者，主要阐述该学派的原子论学说。由于位于小亚细亚地区的莱迪亚王国的马格尼西亚(Magnesia)出产这种磁石，卢克莱修将这类天然石头命名为 magnetie，这就是磁石的名字来历。

英国物理学家威廉·吉尔伯特(William Gilbert)，于 1600 年设计了早期的静电检测装置(验电器的前身，图 1-6)。他发现，该静电检测装置离带电体越近，吸引力越大。吉尔伯特也是医生和自然哲学家，曾极力反对当时流行的亚里士多德哲学和大学所教授的学术方法。1600 年，吉尔伯特发表了《关于磁石、磁性物体和地球大磁石的新自然哲学》(*De Magnete*, *Magneticisque Corporibus et de Magno Magnete Tellure*, *Physiologia Nova*，简称《论磁》)，这是第一部系统阐述磁学的著作。从此，电和磁开始“接触”。为了纪念他，磁动力的单位磁势，以吉尔伯特名字的首字母 G 命名。

在《论磁》中吉尔伯特提出的电运动理论揭示电的流动(或称为"电性气流")与普通空气流动存在本质差异。类比于大气运动以空气为介质，电的运动则表现为一种特殊物质形态的定向迁移。这两种流动形式各自蕴含着独特的引聚与结合特性，其运动学特征均呈现明确的指向性，即流动矢量始终指向释放源的物质本体内部。

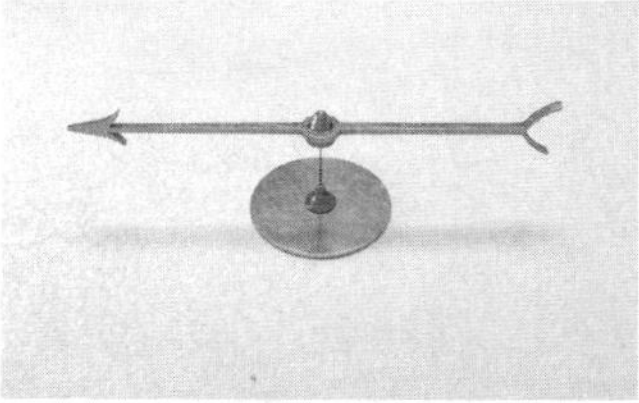

图 1-6　吉尔伯特发明的静电检测装置

意大利物理学家路易吉·伽伐尼(Luigi Galvani)，在 1780 年提出了动物电理论。他开展了一系列实验，证明大脑产生的生物电会传导到神经末梢，并希望利用电来进行医学治疗。他用电击治疗瘫痪的病人，并详细记录了实验结果，发现在电的刺激下肌肉会产生某些活动。在他的经典实验中，他使用霍克斯比起电机发电，将导线放在青蛙的腿部神经上，在电的刺激下青蛙的腿会抽搐。因此，他得出结论：动物肌肉中存在一种特殊的物质，即动物电，这是一种生物特有的电现象。至今，科学家们仍在研究神经电信号和其他生物电领域。伽伐尼的雕像(图 1-7)现在矗立于意大利博洛尼亚的城市广场上，捧着的书本上放置着一只青蛙，以纪念他的杰出成就。

图 1-7　位于意大利博洛尼亚的伽伐尼雕像

与伽伐尼同时代的意大利科学家亚历山德罗·伏打(Alessandro Volta)，在 1799 年发明了伏打电堆(Volta Pile)，这是现代电池的基础。伏打不认同伽伐尼的观点，他认为伽伐尼提出的动物电是迷信。他提出，那不是机体自身在放电，是外界产生的电，青蛙就像指针一样，只是显示出电通过的场景罢了。

而伽伐尼认为，伏打的理论是错的，电不可能是人类制造的，动物电是上帝放到青蛙身上的。后来，伽伐尼撰写了著作《动物电》，还送给了伏打一本。

伏打参考了亨利·卡文迪许(Henry Cavendish)关于电鳐的实验。电鳐背部有多个相同的发电器官，每个发电器官都产生微弱的电，串联后形成较强大的电流。他用许多铜板、沾有稀酸的纸、银板交替堆叠出一个电堆(图 1-8)，然后用舌头去尝电堆两端的味道，发现有刺激，这便是电池的雏形。它并不是机械设备，而是第一个纯粹的电气设备。伏打电堆的出现，证明了电不是来自动物本身，是可以制造出来的，电堆产生会持续的电的流体，像水一样，源源不断，所以被形象地称为电流。200 多年后，我们从原子的微观结构出发，便可以解释这一现象。

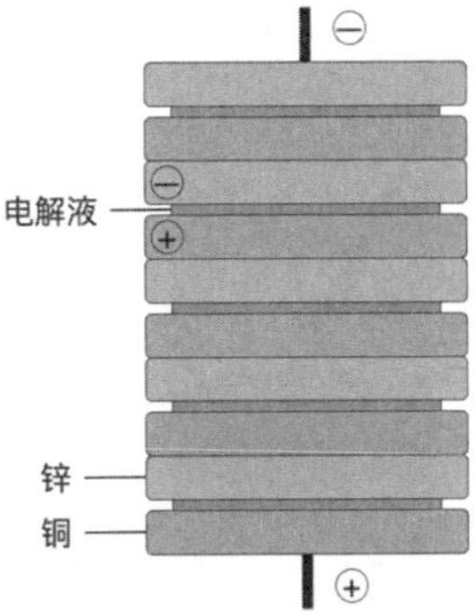

图 1-8　伏打电堆的结构

1803 年，伽尔伐尼的侄子乔瓦尼·阿尔迪尼(Giovanni Aldini)带着一具尸体到伦敦，用伏打电堆往尸体上注入电流。在电的刺激下，尸体突然坐直，似乎又有了生命，就像复活了一样，电似乎有了起死回生的功能。这启发了英国诗人珀西·比希雪莱(Percy Bysshe Shelley)的妻子玛丽·雪莱(Mary Shelley)，写出一本小说《弗兰肯斯坦》(*Frankenstein*)，描述了弗兰肯斯坦利用电创造出生命而引发的悲剧故事，“科学怪人”的故事就此传播开来。这本小说也是人类历史上第一本科幻小说。

约翰·威廉·里特(Johann Wilhelm Ritter)是一位德国化学家、物理学家和哲学家。他在 1803 年发明了蓄电池。他在 14 岁时首次涉足科学，成为了莱格尼茨一位药剂师的学徒。之后，他对化学产生了浓厚的兴趣，从 1796 年开始在耶拿大学学习医学。他最初的科学研究涉及一些电化现象，并将伽伐尼和其他研究人员观察到的生理反应解释为由化学反应产生的电流所致的。他的解释比伽伐尼提出的动物电和伏打提出的金属接触产生的电流，更接近现在主流的解释，但当时并未被接受。作为一个自学成才的科学家，他进行了许多化学、电学和其他领域的实验研究。

1808 年，英国皇家学会会长戴维将 200 多个电堆串联起来，制造了当时最大的化学电池组。在此之前，人们只能使用蜡烛照明。在这样的化学电池组中，如果利用两个碳棒连接电池两端，并完全接通，保持持续的电流供应，一束强烈的光明会冲破黑暗，产生耀眼的弧光。这在当时是一种惊人的现象。这次实验彻底改变了原本用蜡烛照明光线微弱的局面。

丹麦物理学家、化学家汉斯·克里斯蒂安·奥斯特德(Hans Christian Orsted)，于1820年发现了电流磁效应，证明了电流会产生磁场。这是电与磁产生联系的重要节点。他还发明了检流计(图1-9)，可用于测量电流和电压，这是安培表和电压表的起源。奥斯特德提出了电磁学的概念，为了纪念他，绝对电磁单位制中的磁场强度的单位以他命名——Oe。作为丹麦黄金时代(1800—1850年)的代表人物之一，他与汉斯·克里斯蒂安·安徒生(Hans Christian Andersen)是亲密的朋友，也是政治家和法学家安德斯·桑德·奥斯特德(Anders Sandøe Ørsted)的兄弟。

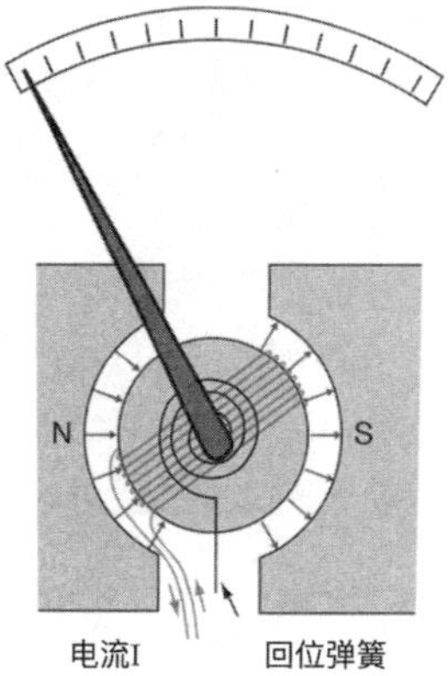

图1-9 检流计

随着科学家的不断探索，人类在19世纪上半叶，陆续发现和提出了热电学、光伏效应等新理论。19世纪中叶，基于这些发现的发明陆续产生，包括低压放电管和辉光放电管等。大多数相关的基本物理现象是在19世纪的前75年被提出的。

在这一时期，电与磁开始“接触”，人们开始尝试去利用它们，技术发明随之增多。

1.3 电磁理论的产生与证实

感性和理性总好似一对双螺旋，盘旋上升，螺旋深入。经历了发明的大爆发，理论研究、量化研究愈加深入。

1873年，剑桥大学卡文迪许实验室首任主任詹姆斯·克拉克·麦克斯韦(James Clerk Maxwell)预测了电磁波的存在，提出了麦克斯韦方程组，解决了电与磁的定量关系，并预测了光的速度。

1855年，麦克斯韦发表了他在阅读法拉第的电学和磁学后的第一篇著名论文——《论法拉第的力线》(*On Faraday's Lines of Force*)。这为他从无质量流体的流动角度来思考“场”奠定了基础。他从此学会了用数学方法思考法拉第力线。

1862 年，麦克斯韦写成《论物理学的力线》(*On Physical Lines of Force*)，发表在英国《哲学杂志》第 4 卷第 23 期上，这是一篇划时代的论文。在论文中他提出，空间中可能存在一种物理机制，服从于牛顿定理，可以解释已知的电磁现象。麦克斯韦提出了位移电流假说，说明了在填充电解质的电容器连接交变电源时，不存在传导电流，只存在变化的电场和磁场。磁场是由另一类型电流而非传导电流形成的，麦克斯韦将这类电流称为位移电流。虽然位移电流不是电荷作定向运动的电流，但它实质上也是变化电场导致了变化磁场，与传导电流引起的变化磁场等效，使得最终统一为变化的电场，即变化的电通量，产生磁场。位移电流假说是电磁波存在的必要条件之一，这会让变化的磁场和变化的电场相互感生传播，这种变换形成的电磁波可以向空间传播。

麦克斯韦在 1865 年发表《电磁场的动力学理论》(*A Dynamical Theory of the Electromagnetic Field*)。在这篇论文中，他希望通过约瑟夫·路易斯·拉格朗日(Joseph-Louis Lagranye)设计的抽象数学方法，建立一个尽可能符合物理真理的电磁理论，同时不作出任何无法通过实验证明的具体解释。场的概念随之而产生。他证明了电场和磁场通过以光速传播的波在空间传播。他还提出光是同一介质中的波动，这个介质是电和磁现象产生的原因，从而预测了无线电波的存在。

麦克斯韦方程组被阿尔伯特·爱因斯坦(Albert Einstein)称为"最美丽的方程组"，定量描述了电、磁和光作为同一现象的不同表现形式。这一理论，又被称为"物理学中第二个伟大统一"。"物理学中第一个伟大统一"是由牛顿实现的，他利用数学将世界的运动统一了起来。"物理学中第二个伟大统一"则由麦克斯韦用数学将世间的电、磁和光统一了起来。他的发现引领了现代物理学，为相对论和量子力学等领域奠定了基础。图 1-10 为电子科技大学中的麦克斯韦雕像(左)和麦克斯韦方程组(右)。

图 1-10　电子科技大学校园中的麦克斯韦雕像(左)和麦克斯韦方程组(右)

麦克斯韦所在的卡文迪许实验室里诞生了许多伟大成就，值得大家关注。1871 年，该实验室由麦克斯韦在剑桥大学发起，以英国物理学家和化学家亨利·卡文迪许的名字命名，在1874年建成。亨利·卡文迪许的亲戚、当时的剑桥大学校长威廉·卡文迪许(Willian Cavendish)私人捐款，帮助了实验室的筹建。接下来的几十年，实验室还曾由瑞利男爵约翰·威廉·斯特拉特(John Willian Strutt)、约瑟夫·约翰·汤姆逊(Joseph John Tnomson)、欧内斯特·卢瑟福(Emest Rutherford)等顶尖科学家担任主任。实验室从1874年到1989年，诞生了29位诺贝尔奖获得者，提出了人类历史上的多项重大发现，是世界物理学的中心；诞生了诸多重大成果，包括发现了电子、中子、波粒二象性，提出了DNA双螺旋结构等。

麦克斯韦方程组固然美妙，但在理论上还需检验和证实。在1887年，师从古斯塔夫·罗伯特·基尔霍夫(Gustav Robert Kirchhoff)和赫尔曼·冯·亥姆霍兹(Hermann von Helmholtz)的德国物理学家海因里希·鲁道夫·赫兹(Heinrich Rudolf Hertz)，通过实验证实了电磁波的存在。

赫兹在验证实验(图1-11)中，给远处的电路加上高频交流电压，使得两个小铜球之间产生电火花，而在近处的线圈也受到激发，产生电动势，从而在微小的间隙中也产生了电火花。为了便于观察，研究人员在有线圈的电路上加上氖管，在实验中氖管会被点亮。电路与线圈之间没有连接，能量却发生了转移，正是两个小铜球产生电火花时，出现的电磁波被发射并传播出去，线圈接收到电磁波能量，在间隙两端积蓄电荷，最终产生击穿空气的电火花。电磁波作为介质，实现了能量的传递。

赫兹1887年验证实验的成功，完整实现了从法拉第电磁感应现象(1831年)的原始发现到麦克斯韦方程组(1865年)的理论预言，最终获得实验证实的完整科学认知链条。这一里程碑式的实验不仅确认了电磁波的真实存在，更以精密的定量测量验证了麦克斯韦关于“光是一种电磁波”的大胆预言，为经典电磁理论奠定了不可动摇的实验基础。更重要的是，它促进了基于电磁波理论的无线电技术的正式诞生。

图1-11 赫兹证实电磁波存在的实验复原模型(电子科技博物馆藏)

在这一时期，电磁理论得到了发展，许多理论也通过实验得到了证实。人们把理论运用到生活中，发明了早期的电话、留声机、阴极射线管等。电与磁的关系得到量化和证实，实现了从理论到科学的实证，也逐步扩展到技术的应用。

1.4 从物质微观到电子可控

人们在探索的电与磁过程中，不断加深对世界的认识。人们对物质的微观认识，随着一批物理学家的努力，逐渐真实和精细起来。

1897 年，卡文迪许实验室的第三任主任——汤姆逊在研究阴极射线时捕捉到了电子。电子是第一个被发现的亚原子粒子，他把它叫作 corpuscles，中文译为微粒。不过，后来大多数人还是接受了爱尔兰物理学家乔治·约翰斯通·斯托尼(George Johnstone Stoney)的建议，将其命名为 electron，中文译为电子。

汤姆逊的阴极射线管实验(图 1-12)清晰地说明了阴极射线发射出后，经过电场和磁场，结果在电场方向发生了偏转，偏向正极，磁场方向无偏转。由此判断，该射线是带负电的粒子，又通过偏转的刻度，计算出质荷比。他提出的原子模型，被称为梅子布丁模型，即负电粒子像梅子一样嵌入在带正电的布丁中。汤姆逊也因此获得 1906 年诺贝尔物理学奖，他本人也被称为“诺奖工厂”，因为他的儿子和 9 位学生都获得了诺贝尔奖。

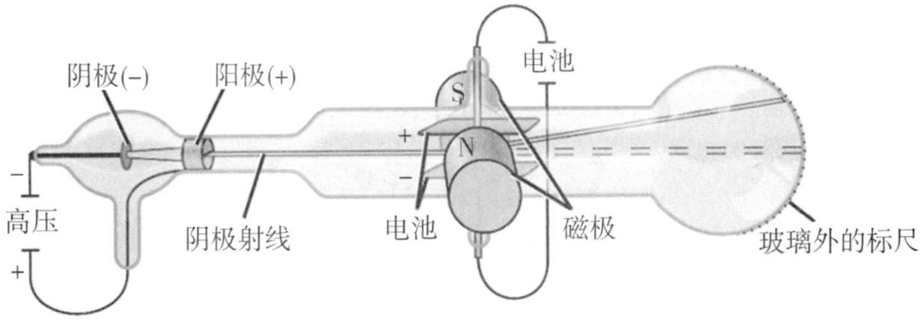

图 1-12 汤姆逊的阴极射线管实验

汤姆逊的学生、新西兰物理学家卢瑟福，在 1911 年通过金箔实验，提出原子是由带正电的原子核与绕核运动的电子组成的，又被称为“行星轨道模型”。卢瑟福被誉为“核物理学之父”，他后来还成为卡文迪许实验室的主任。第 104 号化学元素铲 Rf(rutherfordium)正是以他的名字命名。

在卢瑟福的金箔实验(图 1-13)中，用 α 粒子轰击金箔，一部分 α 粒子被检测到反射角大于 90°，证实了他提出的行星轨道模型。他的行星轨道模型指出，原子中有一个占大多数重量的、微小的正电粒子，就是这个正电粒子导致了少部分 α 粒子的偏转。而电子与质子中间有很大的空间，所以粒子可以穿过。当然，这个实验也带来了新的问题：电子围绕原子核运动，根据麦克斯韦方程组，加速中的电子应该要发出电磁辐射，那么电子的动能就会减少，从而最终沿着一条螺旋线坍缩到原子核中，行星轨道模型会自行崩溃，但是为什么没有如此发生呢？

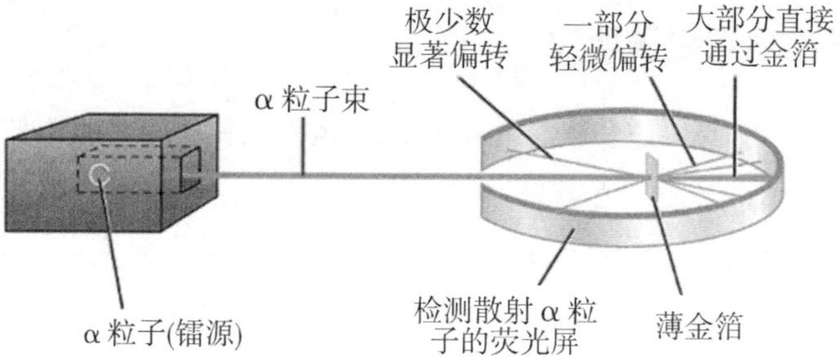

图 1-13　卢瑟福的金箔实验

之后，卢瑟福的学生、丹麦物理学家尼尔斯·亨利克·戴维·玻尔(Niels Henrik David Bohr)提出了原子的能级模型。玻尔对原子结构和量子理论的建立作出了卓越贡献，因此获得 1922 年诺贝尔物理学奖。

玻尔发展了原子的能级模型。在这个模型之中，他提出电子的能级是不连续的，电子在特定的稳定轨道围绕原子核旋转，但是可以从一个能级跃迁至另一个能级。要跨越轨道，电子需要释放或者吸收跨越能级对应的能量。虽然，玻尔模型已经被其他模型所替代，但它提出的原则依然可用。图 1-14 为玻尔提出的氢原子模型。

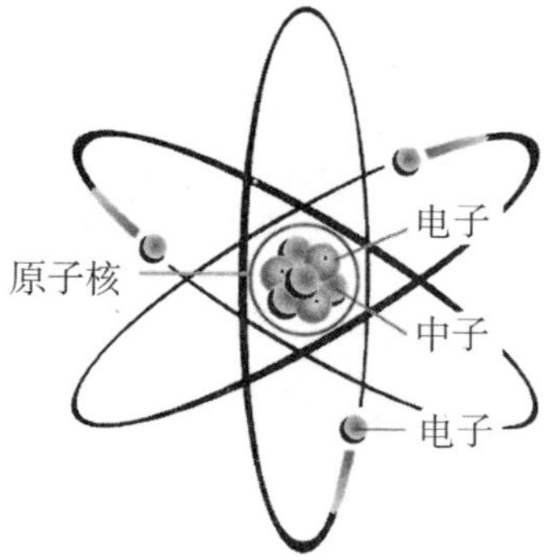

图 1-14　玻尔的氢原子模型

科学家们对物质的微观世界探索得越来越细微、真实，很自然地导致了人类开始尝试对电子进行控制和利用。

从 19 世纪后半叶开始，在技术领域引起生产力变革的电子类发明逐渐涌现。20 世纪初，约翰·安布罗斯·弗莱明(John Ambrose Fleming)和李·德弗雷斯特(Lee de Forest)分别发明了真空二极管和真空三极管，电子工业开始发展。

战争也促进了电、磁和通信等设备的产生和更新换代，无线电设备开始普及。第一次世界大战过后，射电天文学、早期雷达等开始出现。在第一次世界大战前后，经济、军事、科学同步发展，促使电子科技得以广泛普及、迅速进化。雷达技术在真空电子技术的基础上，发展并普及到了军事领域。电子计算机的发明开辟了复杂计算的新篇章。

人类从感性的摸索中发现端倪，不断尝试雕琢结构，正是一个从认识到观察、从探索到可控的过程。短短几十年，人类就尝试将电、磁掌握在自己手中。

1.5 “电子+”时代的来临

第二次世界大战过后，随着理论的丰富和电子元器件的进化，以电子技术为核心的各个领域开始大飞跃。电子技术不断融入并赋能各个领域，使得全世界的生产和生活进入到一个新的增长态势，全世界逐步迎来“电子+”的时代。

1947年，贝尔实验室宣布，他们的三位科学家发明了晶体管，使得电子设备小型化、低功耗有了可能，极大地改变了电子设备的应用环境和场景。

10年后，德州仪器公司的杰克·基尔比(Jack Kilby)、仙童半导体公司的罗伯特·诺伊斯(Robert Noyce)又将人类带入集成电路时代，进入了另一个次元。集成电路给电子系统带来的便携性和高速率，使得电子技术在各领域取得广泛应用，揭开了全球化的序幕。

目前，集成电路的发展还遵循着戈登·摩尔(Gordon Moore)提出的摩尔定律。摩尔定律，更像是电子技术在各个领域赋能发展所带来的“电子+”时代的拟合曲线，从一定角度反映了无处不在的电子科技的生命线。

跳出20世纪，纵观整个电子科技的起源和演进历程，乃至站在科学与技术发展的长河之中，我们可以从《自然》(*Nature*)杂志自1896年以来刊载的8.8万篇学术论文所构建的共引网络(图1-15)中初见端倪：各个学科之间既有交叉又有联系，电子领域是其中一个很小的分支。我们不禁感叹：

- **宇宙之大，物质无极。**宇宙如此之大，人类对世界和物质的探索没有极限。正是这种看似虚无的边界和极限，使得人类不断向外拓展和突破。
- **知识如川，科技如流。**知识就像长河里的水，时有流动；科技就像绵延的浪潮，每一位先驱都似浪尖的星光，既照亮当下，又助力知识长河向前奔涌。
- **点亮边界，时有跃迁。**人类对知识边界的拓展就算是偶然的一个小点，也会点亮边界，可能引起认知的飞跃在某些节点偶有跳跃。

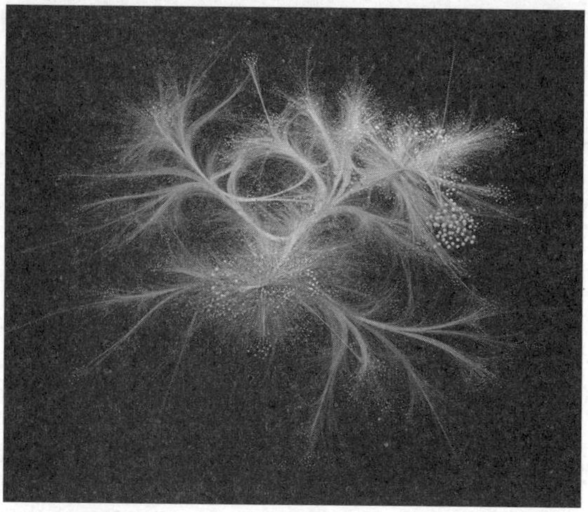

图 1-15 《自然》杂志自 1900 年以来学术成果交叉引用图

思考

1. 请查阅资料，分析最初电与磁的基础理论和经典发明主要产生于哪几个国家或地区，并讨论其原因。
2. 请查阅英国剑桥大学卡文迪许实验室、美国贝尔实验室的历史和成就，结合时代背景，尝试分析、比较两者的异同及其原因。

本章参考文献

[1] 戴克斯特豪斯. 世界图景的机械化[M]. 张卜天，译. 北京: 商务印书馆, 2018.

[2] SIMPSON T K. Maxwell on the electromagnetic field: a guided study[M]. New Brunswick: Rutgers University Press, 1997.

[3] HERTZ H. Electric waves: being researches on the propagation of electric action with finite velocity through space[M]. New York: Dover Publications, 1893.

[4] GATES A J, KE Q, VAROL O, et al. Nature's reach: narrow work has broad impact[J]. Nature, 2019, 575(7781): 32-34.

第二章 通信史

阅读材料

褒姒不好笑，幽王欲其笑万方，故不笑。幽王为烽燧大鼓，有寇至则举烽火。诸侯悉至，至而无寇，褒姒乃大笑。幽王说之，为数举烽火。其后不信，诸侯益亦不至。幽王以虢石父为卿，用事，国人皆怨。石父为人佞巧善谀好利，王用之。又废申后，去太子也。申侯怒，与缯、西夷犬戎攻幽王。幽王举烽火征兵，兵莫至。遂杀幽王骊山下，虏褒姒，尽取周赂而去。

——《史记·周本纪》

《史记·周本纪》中记录了历史上著名的"烽火戏诸侯"的故事。西周时代，有一名美女叫作褒姒。古褒国的人为了赎罪，将她献给了周幽王。褒姒生性不爱笑，周幽王为取悦褒姒，听信奸臣进言，举烽火召集诸侯，诸侯匆忙赶至，却发现并非寇匪侵犯，只好狼狈退走，褒姒见此情景大笑。后来，周幽王废申后和太子宜臼。申后之父联络鄫侯及犬戎入侵，周幽王举烽火示警，诸侯以为又是骗局而不愿前往，致使幽王被犬戎所弑，褒姒亦被劫掳。后来，拥立原来的太子为周平王，从镐京迁都洛邑(现河南洛阳)。

图2-1所示的是模拟古代的长城上的狼烟烽火。实际上，烽火是古代的一种通信方式，也是人类历史上最早的有组织的通信方式。巧合的是，这恰恰是最早的二进制光通信。

图 2-1 长城烽火通信

1792 年，法国人克劳德·查普(Claude Chappe)发明了“横木通信机”。他在一根支柱的顶上安放了一根横木，横木两端各有一根活动的木条，整个形态好像一个十字架。各支点安装上滑轮，通过横木和两端木条形状的变化，构成图形，每一种图形代表一个字母，以此传递信息。这套信号系统，利用信号站的信号标方式，在视线范围内传递信息，从里尔到巴黎 220 km 的距离传递信号，仅需一小时。最初，他将这项发明命名为 tachygraphe(希腊语，意思为“快速的写手”)，后来被说服改为 telegraph(意思为“远程写手”)。可见，通信方式多种多样，语言、眼神、触碰、符号、烽火、飞鸽传书、邮驿制度都属于通信方式。

西方有查普“横木通信机”，我国曾使用邮驿制度。我国有文字记载的邮驿制度，始于商周时期，随着邮政业在清代兴起，至 1913 年驿站已基本闲置。比较典型的邮驿制度展现之地，有四川省成都市的龙泉驿。明代便设龙泉驿，是从东部进入成都平原的驿站，现代地名“龙泉驿”也由此而来。现存河北省张家口市怀来县的鸡鸣驿(图 2-2)建于元朝，是进京的要道，也是我国现存唯一的大型古驿站。

图 2-2 鸡鸣驿

2.1 通信概述

国际电信联盟(international telecommunications union，ITU)将通信定义为，根据

公认约定进行的信息传递。如果推及到人类社会生活，通信可以说是人类社会信息传递与交换的活动。

各种各样的通信方式，可统一抽象为通信系统模型。主要包括三大要素：①传递的对象是信息；②发送者和接收者在不同地点；③传递的信息不改变。通信系统模型的运行机制如图2-3所示，信源将信息通过发信机进行编码；编码形成信号后，通过一定的信道（声、光、电等），将信号传递到另一端的收信机；收信机对信号进行解码，解码成信息后，信宿收到，整个通信系统完成。整个通信技术的发展，正是围绕如何实现高效地编码、解码，如何抗噪减小损失，如何使信息最大量、最快速地传播而进行的。

由于通信定义过于广泛，我们在本书中探讨的通信主要指电信通信和计算机通信。

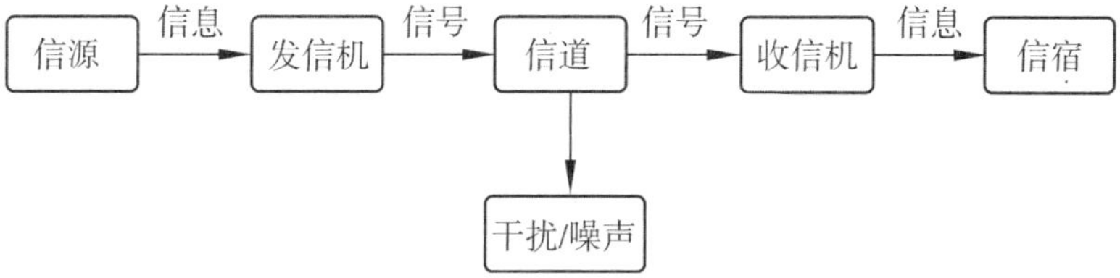

图2-3　通信系统的一般模型

1844年，美国人塞缪尔·莫尔斯（Samuel Morse）从华盛顿的美国最高法院向40英里（1英里约为1.61 km）外的巴尔的摩，拍发了第一封基于莫尔斯电码的电报——What hath god wrought（意思为“上帝创造了何等的奇迹”）。在感叹上帝创造奇迹的同时，莫尔斯的这封电报也创造了人类长距离通信的奇迹。

1895年，意大利发明家伽利尔摩·马可尼（Guglielmo Marconi），年仅15岁即完成了3.2 km的无线通信实验。1897年，他实现了跨英吉利海峡的无线电通信实验。1901年，他实现了从英国到加拿大的跨海无线电通信。

同一时代的俄国科学家亚历山大·波波夫（Aleksandr Popov），在1885年的俄国物理大会上演示了无线电传送信号。但直到1900年，波波夫才得到最大的肯定，是来自法国巴黎国际电气展览会授予的发明金奖。

1945年，英国一位雷达军官亚瑟·查理斯·克拉克（Arthur Charles Clarke）提出了利用卫星进行通信中继的科学设想：《地球外的中继——卫星能给出全球范围的无线电覆盖吗？》（*Extra-Terrestrial Relays: Can Rocket Stations Give World-wide Radio Coverage?*）。

1957年，苏联发射了一颗名为“斯普特尼克1号”（Sputnik Ⅰ）的小型卫星。

1966年，英籍华人科学家高锟（Charles Gao），提出了光纤通信的概念。随着光纤技术将全球连接成一个通信村落，2009年高锟获得诺贝尔物理学奖。

1971 年，贝尔实验室的科学家们提出了蜂窝组网技术。这一技术，成为现代无线及移动通信的核心技术基础。

2.2 电报的产生与发展

1825 年，有一位知名的美国画家，外出到华盛顿为别人画画，其间突然收到父亲的来信，是一封通过邮政马匹送来的信件。父亲在信中说他的妻子病危，要求他立即返回，但这位画家因通信延迟未能见上病危的妻子最后一面。这让他深切感受到了旧式通信的弊端，并下定决心要发明长距离通信工具。后来，这位画家在 1835 年发明了实用的电报机，在 1838 年创造了新的无线通信编码系统，并应用在电报机上。1844 年，他争取到国会 3 万美元的资助，从华盛顿州巴尔的摩拍发了基于此编码系统的电报。电报内容就是那句耳熟能详的“上帝创造了何等的奇迹”。这位画家也转行成为发明家，他就是伟大的莫尔斯。他利用电路通断的原理，描绘“嘀·”“嗒—”，再利用一套编码机制，将字母和符号通过点、线的方式编码起来，这套编码方式(表 2-1)高效且实用。

表 2-1　一种通用的莫尔斯码编码

字符	电码符号	字符	电码符号	字符	电码符号	字符	电码符号
A	·—	B	——·	C	—·—·	D	—··
E	·	F	··—·	G	——·	H	····
I	··	J	·———	K	—·—	L	·—··
M	——	N	—·	O	———	P	·——·
Q	——·—	R	·—·	S	···	T	—
U	··—	V	···—	W	·——	X	—··—
Y	—·——	Z	——··				

与此同时，威廉·库克(William Cooke)和查尔斯·惠斯通(Charles Wheatstone)在 1833 年了解到威廉·韦伯(Wilhelm Weber)和卡尔·高斯(Carl Gauss)的电磁电报。尽管起步较晚，但他们的研究在莫尔斯之前就已经达到了可以推出商业电报的水准。在英国，库克于 1836 年迷上了无线电报，比莫尔斯晚了 4 年。凭借雄厚的财力，库克放弃了主修的解剖学，在 3 周内就制造出了一台小型电报机。惠斯通也在进行电报实验，最重要的是，他明白了单个大电池无法长距离传输电报信号。他的理论使无数个小型电池在完成这项任务时会更成功、更高效。库克和惠斯通于 1837 年 5 月合伙成立了公司，并为电报申请了专利，在很短的时间内就为大西部铁路提供了一条 13 英里(约为 20.92 km)长的电报线路。然而，没过几年，库克和惠斯通的多线信号法就被莫尔斯的高性价比的方法所取代。

在接下来的几十年里，莫尔斯码逐步应用在全球各地的有线通信上，并很快发展到无线电通信领域。1903 年，第一届国际无线电报会议在柏林召开，8 个海洋大国参加了会议。会议提出确定船舶遇难时，需要使用专门的无线电信号求救。有人建议用三个“S”和三个“D”字母组成的“SSSDDD”，但会议对此没有作出正式决定。会后不久，英国马可尼无线电公司宣布，用“CQD”作为船舶遇难信号。其实，这只是在当时欧洲铁路无线电通信的一般呼号“CQ”（seek you）后边加上一个字母“D”而已。1906 年，第二届国际无线电会议又在柏林召开，会议决定要用一种更清楚、更准确的信号来代替“CQD”。美国代表提出用国际两旗信号简语的缩写“NC”作为遇难信号，这个方案未被采纳。德国代表斯利亚比－阿尔科无线公司的一位专家建议，用“SOE”作为遇难信号。在讨论中，有人指出这一信号有一重大缺点：字母“E”在莫尔斯电码中是一个点，即整个信号“SOE”是“・・・— — —・”，在远距离拍发和接收时很容易被误解，甚至完全无法被人理解。虽然这一方案仍未通过，但它却开阔了与会者的思路。接着，有人提出再用一个“S”来代替“SOE”中的“E”，即成为“SOS”。在莫尔斯电码中，“SOS”是“・・・— — —・・・”，它简短、准确、连续而有节奏，易于拍发和阅读，也易懂。

在宣布“SOS”为国际统一的遇难信号的同时，废除了其他信号，其中包括当时普遍使用的“CQD”。但“SOS”并没有马上被使用，电报员们仍然偏爱于“CQD”，因为他们大多数过去是在铁路系统工作的，习惯使用“CQD”。1912 年，著名的泰坦尼克号游轮首航遇险时，先发送的是“CQD”（英国马可尼无线电公司决定用“CQD”作为船舶遇难信号），但因 D（—・・）易与其他字母混淆，周围船只并未意识到这是求救信号，没有快速救援。在快沉没时，他们使用新的求救信号 SOS（・・・— — —・・・）发报，才得到营救。在泰坦尼克号沉没后，“SOS”才被广泛接受和使用。另外还有一个最重要的原因，“SOS”这三个字母无论是从上面看还是倒过来看都一样，当遭遇海难，需要在孤岛上摆上大大的“SOS”等待救援的时候，头顶上路过的飞机无论从哪个方向飞来都能立刻辨认出来。

随着通信技术的发展，虽然编码方式变得越来越高效，莫尔斯码在实际通信系统中也使用得越来越少，但它已经成为一种信息的文化，融入在各种与信息相关的表达场景之中。例如，2015 年 2 月，恐怖组织在网上上传了一段视频。在视频中，日本战地记者后藤健二被杀害，在整个行刑过程中，他保持沉默，唯有眼睛一直在眨。随后，有莫尔斯电码专家在网络上宣布，后藤眨眼是在通过莫尔斯电码传递信息，翻译成文字就是“不要救我，放弃我”（abandon me）。

19 世纪中期，通过莫尔斯、西门子、哈尔斯克的努力，北美大陆和欧洲大陆分别已通过有线电报在各自大陆内部联通。但是，从欧洲到美国的信件，仍然只能依靠邮轮运送传递。所以，一封从欧洲寄出的情书，需要整整 2 周才能到达住在美洲的爱人桌前。

通信，如何使大洋天堑变通途，这一问题横亘在人们面前。

有难题，就有勇者。塞勒斯·韦斯特·菲尔德(Cyrus West Field)，一位美国的杰出企业家、金融家，也是造纸业批发商，开启了他铺设海底电缆的旅程。1857年，他筹集资金进行第一次尝试，可惜价值10万英镑的300(1海里约为1.85 km)海里电缆从绞盘上脱落，以失败而告终。1858年，他进行了第二次尝试，可惜天公不作美，大洋上的狂风暴雨使这次尝试依然失败。同年，在进行了第三次尝试后，纽约人终于接收到英国女王发来的贺电，电报通过海底电缆连通了两块大陆。在大家都欢呼时，电报信号逐渐变弱，最后通信中断，菲尔德也被冠上"骗子"的骂名。1865年，这位雄心勃勃的商人第十三次出海，载着改良的镜式电流计电报机，驾着"大东方号"轮船再次尝试，无奈命运总是相似，价值60万英镑的电缆坠入4 000 m的大洋深处。10年过去了，这项尝试依然未能成功。菲尔德，这个值得铭记的名字，锲而不舍的冒险家，整整10年的时间，无数英镑打了水漂，他也没有放弃。1866年7月13日，他终于成功了，他所缔造的第一条越洋电缆是他送给全世界的礼物。《科学美国人》(Scientific American)也在1858年盛赞，这是"在旧世界和新世界之间传递思想的信息高速公路"。

2.3 电话的产生与发展

科技的进步由人类不断产生的新需求所推动。电报的通信方式越来越成熟后，人们开始思考，能否寻找更简易和直接的通信方式取代电报复杂的编码，能否有一种通信方式能够直接表达人的语言和情绪。所以，充满好奇的先驱们又开始思考下一个问题：怎么样才能将包含直观感受和情绪的信息传递出去呢？比如，如何传递声音？

好奇的人们开始对电报技术进行改进，产生了许多"基于电报技术的改进成果"(improvements in telegraph)。"tele"本义为远距离，"phone"是指发声的工具，组合起来便是"远距离发声的工具"。

1876年4月7日，电话(telephone)随着亚历山大·格拉汉姆·贝尔(Alexander Graham Bell)的一句"华生先生，请过来，我想见你"(Mr. Watson, come here. I want to see you.)而诞生。

贝尔的父亲是一位嗓音生理学家，并且是矫正说话、教授听障人士的专家。而贝尔的母亲在他12岁时失聪，这也引导了他学习语音学，并立志发明一个可以传声的工具。1877年，贝尔创建了贝尔电话公司。1885年，因为长途电话业务又设立了子公司美国电话电报公司(AT&T)，1984年反垄断拆分之后，公司主体采用了AT&T的名称。

1925 年，美国电话电报公司成立了研发机构——贝尔实验室(Bell Labs)，是历史上最大、最成功的私有实验室。在很长一段时间里，贝尔实验室总是用“无须为经费发愁”来吸引优秀的科学家加入工作。实验室井喷式地获得了 11 个诺贝尔奖，产生的发明包括射电望远镜、晶体管、数字交换机、计算机 UNIX 操作系统、C 语言、CCD 传感器等。贝尔实验室还提出了信息论，发射了第一颗通信卫星，铺设了第一条商用光纤。但由于华尔街和美国电话电报公司自身的贪婪和短视，以及互联网的兴起，贝尔实验室没落，后来被法国的阿尔卡特公司收购。

电话机技术终端的发展，伴随着明显的外形变化，从贝尔时期的听筒和话筒分离式的电话，改进成为手摇磁石电话，再进步到拨盘电话。到 20 世纪 90 年代，数字按键电话已经进入寻常百姓家。

通信终端数量增加促进了电话网络发展，交换技术成为电话技术进步的核心。实现电话交换技术的设备就是交换机。图 2-4 所示的是人们最初使用的是人工插绳式交换机，属于人工交换模式，需要由话务员手动控制进行通信交换，插绳在其中扮演重要的连接角色。

图 2-4　人工插绳交换机(电子科技博物馆藏)

为什么要使用“交换”策略？这其实是为了解决通信传输的效率问题。假设有 4 个用户直接通信，采取两两直接连接的方式，那么一共需要 $C_4^2=6$ 条通信线路；采取中心交换连接的方式，那么共需要 4 条通信线路，如图 2-5 所示。假设将原有的 4 个用户扩展到 8 个，那么这种两两直接连接方式需要 $C_8^2=28$ 条通信路线，而中心交换连接的方式只需要 8 条通信路线。假设有 n 个用户时，则需要 $C_n^2 = n(n-1)/2$ 条路线。显然，随着用户数 n 的增加，所需通信线路越多。而如果采取“交换”策略，即在中心架设一个基站，n 个用户需要 n 条通信线路。相比起来，用“交换”策略明显效率更高。

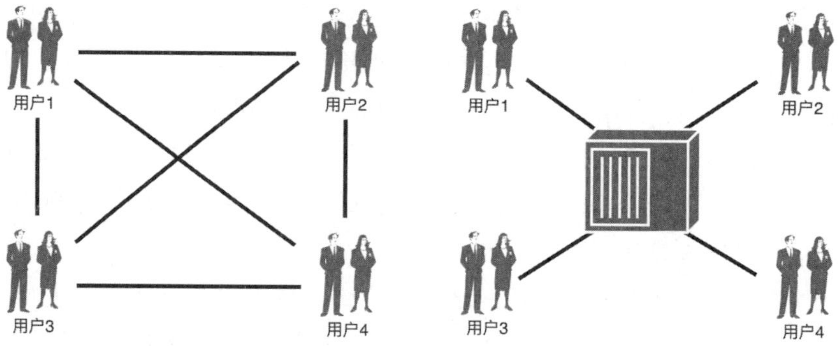

图 2-5　4 个用户通信时直接连接与交换连接的通信线路

随着城市化进程的推进，用户使用电话数量的增多，人工交换方式已经很难承受日益增长的电话通信交换量。人们从机械结构出发，发明了步进制交换机(图 2-6)、纵横制交换机和程序控制交换机。

步进制自动电话交换机，是机电式自动交换技术的开创性成果。美国发明家阿尔蒙·布朗·史端乔(Almon Brown Strowger)于 1889 年发明该技术，1891 年获得专利授权，并于 1892 年 11 月 3 日在美国印第安纳州拉波特城首次商用。其核心原理是利用拨号脉冲直接控制电磁选择器的机械动作，每拨一个数字即触发对应次数的电磁铁驱动弧刷步进旋转，逐步接通目标线路。步进制交换机的机械接点采用滑动式设计，虽实现自动化接续，但存在接点磨损严重、接续速度慢和通话杂音大等缺陷。该技术推动全球自动电话普及率从 1900 年的 0.3% 跃升至 1950 年的 77%。中国于 1924 年在天津首次引入步进制自动电话交换机，为后续纵横制交换机和程控交换机奠定基础。

纵横制交换机，是电话交换技术的一次重要升级。这项技术最早于 1913 年由美国提出，1923 年瑞典率先推出实用纵横接线器，1938 年美国首次投入商用。它的核心设计就像一个“网格开关”——多组横竖交叉的金属接点组成矩阵，通过控制交叉点的通断来连接不同线路。这种设计比早期的步进制交换机更可靠，接点磨损更小、通话质量更好。它的最大进步是实现了“拨号与控制分离”，用户拨号时，系统会先记录号码，再智能选择最佳路径接通，效率大幅提升。中国于 1957 年开始研制，1960 年在上海吴淞建成首个试验局，至 20 世纪 70 年代成为主导交换技术，直至 20 世纪 80 年代被程控交换机取代。

图 2-6　步进制电话交换机选组器(电子科技博物馆藏)

程序控制交换机(简称“程控交换机”),是利用计算机程序对电话数据实现自动交换的电话网设备。巨龙通信公司研发生产的 HJD04 是中国第一款通过产学合作,由企业研制且大规模上市的大容量车用程控交换机,也获得了国家科学技术进步奖一等奖。大唐电信公司研发生产的 SP30,是中国第二款自主研制大规模商用的大容量程控交换机。中兴通讯公司研发生产的代表产品为 XJ10。华为技术公司在 1995 年研发 C&C08 数字程控交换机(图 2-7),从最初 2 000 门交换发展到后来万门交换,为电话进入千家万户奠定了基础。巨龙信息、大唐电信、中兴通讯和华为技术所创造的“巨大中华”时代,也是中国电信行业飞速发展的时代,是中国通信史上的里程碑。

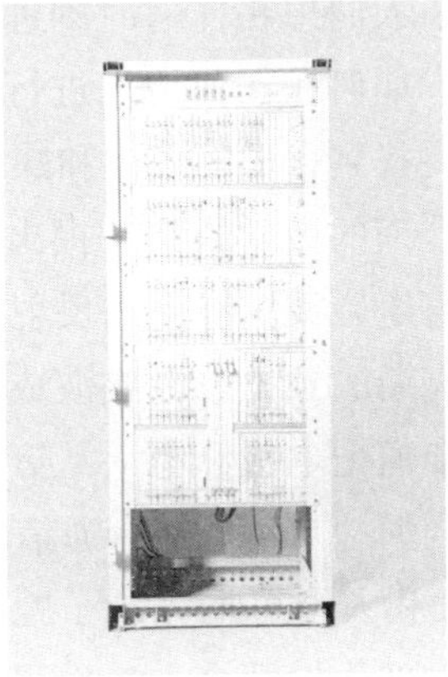

图 2-7　华为 C&C08 数字程控交换机(电子科技博物馆藏)

阅读材料

中国第一部十门全电子交换机

早在 1948 年,英国便开始研究电子交换机,但这个老牌工业强国在 1957 年底仅试制成功,未达到实用阶段。1958 年,在国家科研计划的部署下,陈湖教授带领成都电讯工程学院(现电子科技大学，简称“成电”)102 教研组，成功研制出我国第一部十门全电子交换机。1960 年，成功试制采用时间分隔方式的 100 门电子交换机。并在同年，交付国营 734 厂(国营南京有线电厂)使用。

陈湖教授(图 2-8)，毕业于交通大学(上海交通大学前身)机电系。1949 年后，历任交通大学教授，成都电讯工程学院教授、无线电系主任。长期从事有线电通信教学和研究工作。编著有全国第一本电话学教材《电话学》，以及《市内电话学》和《市内电话网技术设计基础》。

图 2-8 陈湖教授为大学生上课

2.4 无线电通信与移动通信的产生与发展

电话的发明和使用，解决了人们想在任何时刻进行通信的需求。正如前面章节所述，技术进化总由需求引发。如何在任何地点进行通信，逐步成为人们探索的新问题。要解决这一问题，首先要找到合适的载体和媒质。

麦克斯韦运用场论观点和严谨的数学推演，提出了麦克斯韦方程组，并推算出电磁波的传播速度是光速，预言电磁波具有光的反射和折射等性质。1888 年，德国物理学家赫兹用实验证实了麦克斯的预言。电磁波成为在任何地点进行通信的合适载体和媒质，吸引无数人探索如何把电报和电话从有线推向无线，一系列电磁理论的建立和完善，催生了一种在任何地点都能进行通信的方式——无线电通信。

1895 年，年仅 21 岁的意大利人马可尼完成了距离 3. 2 km 的无线传输；同年，俄国人波波夫在圣彼得堡俄国物理化学学会上，作了关于金属粉末与电振荡的关系的报告，并用他的无线电装置进行了收发电磁波信号的演示。他们两位都是无线电通信的先驱。

直到 1900 年，波波夫才获得巴黎国际电气展览会授予的发明金奖。马可尼在事业发展初期，其实也不顺利，意大利政府并不支持无线电发展，他果断前往重视科学技术发展的英国，并获得了专利。他于 1897 年创办马可尼无线电报与信号公司，专门制造无线电器材，最终在科学界和商业上名利双收，成了改造世界的巨人。当

1909 年诺贝尔物理学奖颁发给马可尼的时候，波波夫已不在人世。

如果按照技术特点进行分段，现代无线及移动通信主要分为 1G、2G、3G、4G、5G。G 即代(generation)。1 G 传输的是模拟信号，传输的信号是连续的，因此功耗较高，终端的电池比较大，如摩托罗拉的“大哥大”又称为“砖头机”。从 2G 开始，传输的便是数字信号，从 GSM、TDMA 到 EDGE，传输速度逐步提高。3G 在 2G 的速度上有了 10 倍的提升，其公认的有三大标准，欧洲和日本的 WCDMA、美国的 CDMA2000 和中国的 TD-SCDMA，图 2-9 所示的是 1G 到 4G 的高数据速率比喻图。4G 在速度上与 3G 相比，又有了 10 倍的提升。

1G 土路

2G 柏油路

3G 高速公路

4G 加宽的高速公路

图 2-9 1G 到 4G 的高数据速率比喻图

按照国家发展战略，第五代移动通信技术，即 5G 技术已于 2020 年全面商用。5G 不是 1G 到 4G 的简单延伸，而是技术和应用上的彻底改变。如果说 1G 是土路，那么 2G 是柏油路，3G 是高速公路，4G 是加宽的高速公路，5G 则是高速公路、高速铁路、高速海运航线、高速航空航线和高速航天航线的集大成者(图 2-10)。德国博物学家亚历山大·冯·洪堡(Alexander von Humboldt)在 200 多年前便提出“万物互联”的观点，描述了整个自然生态系统的联系。“万物互联”作为 5G 的核心理念在过去几年一直是热点，5G 成为连接智慧生活的纽带，如空气般充斥在我们生活的每个角落。巨大的带宽把人和人、人和物、物和物全部有机地联系起来，编织成一张巨大的网，人和物就是网上的节点，每个节点可以分享网络的计算和数据功能，大数据和云计算得以在这张网上展开。关于 5G 标准的问题，是技术问题，也是政治问题。

目前，5G 正在汽车自动驾驶技术、虚拟现实(VR)技术、增强现实(AR)技术等各个领域得到广泛应用，构建起智慧家庭、智慧城市、智慧地球。当然，带宽的限制、能耗的限制、信息安全的隐患和生命虚拟化等问题，也成为此项技术发展的挑战。

图 2-10　5G 的高数据速率比喻图

阅读材料

中国 3G 之父李世鹤

3G 的世界三大标准之一的 TD-CDMA，是大唐电信原总裁李世鹤带领建立的。李世鹤于 1963 年从成都电讯工程学院毕业。他带领大唐电信的科研人员研究开发 TD-CDMA，代表我国向国际电联提交无线传输技术建议，ID-SCDMA 被接收成为全球第三代移动通信无线接入技术三大标准之一。他在负责起草和完善标准的同时，又承担主持开发全套 TD-SCDMA 系统设备样机的任务，形成巨大产业，在我国和国际上都有广阔的市场前景。这是我国科研成果第一次成为国际电联标准，也是中国百年电信史上的首创。因此，李世鹤被誉为中国“3G 之父”“TD 之父”。

2.5　卫星通信的产生与发展

1945 年，英国科幻小说家亚瑟·查理斯·克拉克(Arthur Charles Clarke)发表《地球外的中继——卫星能给出全球范围的无线电覆盖吗?》(*Extra-Terrestrial Relays-Can Rocket Stations Give Worldwide Radio Coverage?*)，大胆提出了利用卫星进行通信中继的科学设想。他曾是一位雷达军官，后来成为英国科幻小说家。

1957 年，苏联发射第一颗人造地球卫星斯普尼克 1 号(Sputnik-1)。直到 1962 年，克拉克的设想才得以实现，贝尔实验室发射了第一颗通信卫星电星 1 号(Telstar-1)。1963 年，美国卫星中继 1 号(RELAY-1)首次实现了跨太平洋的美国和日本之间的电视转播。1964 年，同步通信 3 号(syncom-3)成为第一颗静地卫星，实现了东京奥运会的实况转播。

20 世纪 70 年代中期到 20 世纪 80 年代中期，世界各国在卫星通信领域取得了空前发展。20 世纪 80 年代初至 90 年代，甚小口径卫星终端站(VAST)系统得到广泛应用。

基于卫星通信的一项重要应用，就是卫星定位。继美国全球卫星定位系统(GPS)、俄罗斯格洛纳斯卫星导航系统(GLONASS)、欧洲伽利略卫星定位系统(Galileo)之后，中国的北斗卫星导航系统(BDS，简称“北斗系统”)成为全球最新出现的成熟的卫星导航系统。

2020 年 6 月 23 日，中国北斗三号系统最后一颗组网卫星发射成功，标志着北斗三号 30 颗组网卫星全部到位，北斗全球卫星导航系统星座部署全面完成。从 1994 年北斗一号系统工程立项，到全球组网成功，经历近 30 年，55 颗导航卫星成功被发射，中国自己的全球卫星定位系统完全形成。

与美国全球卫星定位系统和俄罗斯格洛纳斯卫星导航系统相比，北斗卫星导航系统具有诸多优势。第一，它具有定位和通信双重功能，具备的短报文功能是美国全球卫星定位系统所不具备的。第二，北斗系统的定位精度为 1.2 m。第三，北斗系统的终端设备价格在 2 万元左右，具有价格优势。第四，北斗系统的灾难救援船只需 1 秒就可以发出信号，再由基站沟通卫星，计算终端到地球地心的距离、卫星到终端的距离，最后解码算出坐标之后发送给终端。换句话说，地面基站会保存每个终端的位置，如果不能与地面基站沟通就无法提供定位服务。北斗系统短距离地与基站的通信方式，能够保证人们在桥底、隧道中还能够被定位。

图 2-11　北斗卫星导航系统部件(电子科技博物馆藏)

2.6　光纤通信的产生与发展

让通信的速度越来越快，是人们发展通信技术的目标之一。光速是目前人类发现的最快的速度，随着光学和光电子学的发展，人们开始追求利用这种最快速度的媒介进行通信。

1840 年，法国科学家丹尼尔·克拉顿(Daniel Colladon)和雅克·巴比内(Jacques Babinet)发现了光折射的现象。1870 年，英国人约翰·丁达尔(John Tyndall)提出，光可以在一个弯曲的水流柱里传输(图 2-12)，这就是光的全反射。

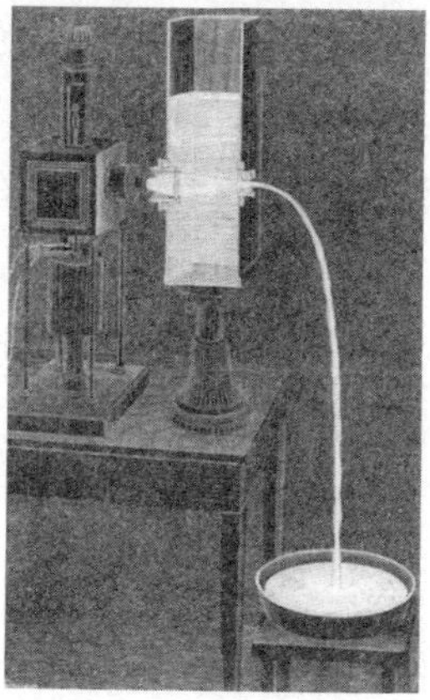

图 2-12　光在水流柱中传输

1950 年，英国人纳林德 · 辛格 · 卡帕尼(Narinder Singh Kapany)发明了带有薄层的光纤，实现了光的传输。与此同时，光纤的应用还停留在较浅层面，利用光的全反射进行光和图像的直接传输，如肠胃内窥镜。

1966 年，英籍华人高锟在电气与电子工程师协会(IEEE)会议上发表了《光频率介质纤维表面波导》(*Dielectric-fibre surface waveguides for optical frequencies*)的文章，首次提出用玻璃纤维可以作为光波导而用于通信。当时的光纤制造技术比较粗糙，衰减率还停留在 1 000 dB/km，他预测提高光纤玻璃纯度后，衰减率达到 20 dB/km 时，光纤通信将取得成功。高锟开启了光波导新纪元，光纤通信飞速发展，迅速成为全球通信的最重要的方式之一。高锟也因此获得 2009 年诺贝尔物理学奖，表彰他在光纤通信方面作出的巨大贡献。

1970 年，美国康宁公司制造出了第一根低损耗商用光纤，衰减率达到了 20 dB/km。光纤的原料是从沙中提取的石英。美国康宁公司最早是一家玻璃厂，曾经在 1879 年最先制造出玻璃灯泡，使爱迪生的发明成为现实。在 1947 年，该公司首度大规模制造出电视显像管，使电视进入千家万户。在 20 世纪 70 年代以后的几十年中，光纤通信以每 10 年为一个阶段进行发展，20 世纪 80 年代光纤通信的波长达到第一窗口 850 nm，90 年代达到第二窗口 1 310 nm。2000 年左右，日本电板电话公司达到第三窗口 1 550 nm。第四窗口 1 625 nm 目前正在开发。我们能从光纤通信的发展粗略看出，英国人重科学，美国人重技术，日本人重产业和产品。

20 世纪 80 年代，行业制造出标准单模光纤，光纤进入产业化和标准化制定阶段。20 世纪 90 年代，南安普顿大学发明了掺铒光纤放大器(EDFAs)，光纤信号可在传输过程中进行放大，以提高传输距离。2000 年左右，美籍华人厉鼎毅发明波分复用技术(DWDM)。这项技术使得在同一根光纤中，把不同的波长同时进行组合和传输变成可能。为了保证其有效性，一根光纤须转换为多根虚拟光纤。所以，如果计划复用 8 个光纤载波(OC)，即一根光纤中传输 8 路信号，这样传输容量就将从

2.5 Gb/s 提高到 20 Gb/s。在 2013 年 3 月采集数据时，由于采用了波分复用技术，单根光纤可以支持 150 多束不同波长的光波同时传输，每束光波最高速度可达 10 Gb/s 的传输速率。随着厂商在每根光纤中加入更多信道，每秒兆兆位的传输速度指日可待。

2010 年左右，光纤制造技术和传输技术均已发展得较为成熟，光纤通信的研发重心集中在光纤到户和解决“最后一公里”的问题。人类进入“T 比特①”传输时代。光纤通过陆地光缆和海底光缆，将全球连接到了一起。

光纤是如何贯通世界的呢？

光纤的核心是纤芯，是传输光的区域。在纤芯之外的是包层，包裹折射率低于纤芯的材料，以实现纤芯的全反射；在包层之外的是涂覆层，进行物理保护光纤，如图 2-13 所示。光纤的直径一般是 125 μm，比头发丝粗一点。

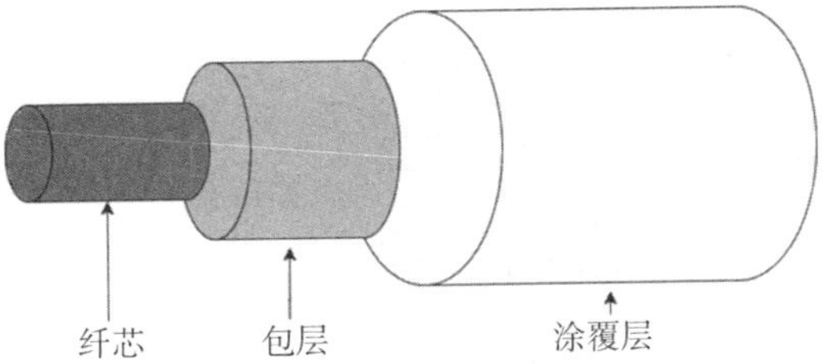

图 2-13　光纤结构图

相比于铜芯笨重、成本高又易腐蚀和受电磁干扰的特点，纤芯成本低、轻便，不易受电磁辐射，而且耐化学腐蚀，还具有很大的带宽，传输起来衰减率也非常小，如图 2-14 所示。因具备这样的优势，光纤通信的推广和发展非常迅速。

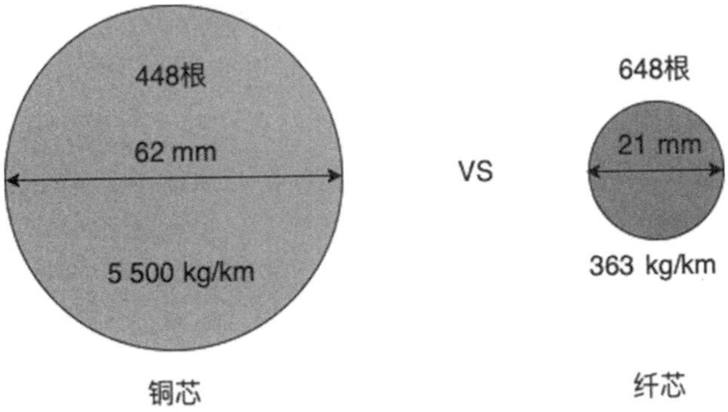

图 2-14　铜芯与光纤对比

在光纤被生产制造后，为使全世界连接起来，跨越海洋时就需要铺设以光纤制成的海底光缆。海底光缆铺设主要包括光缆路由勘查清理、光缆敷设和冲埋保护三

① T 比特，指数据存储的单位“TB”(Tera Byte)。1 kB = 1 024 B，1 MB = 1 024 kB，1 GB = 1 024 MB，1 TB = 1 024 GB。1 TB 大约能够容纳 100 部 4K 分辨率的 120 分钟的电影。

个步骤，如图2-15所示。光缆敷设由挖掘海底的缆线埋设机来完成，它有点像耕田时使用的犁，由海底光缆敷设船拖曳前进，并通过工作光缆作出各种指令。其底部有几排喷水孔，作业时每个喷水孔同时向海底喷射出高压水柱，将海底泥沙冲开，形成光缆沟。而设备上部有一导缆孔，用来引导光缆到光缆沟底部。过去，人们常常借海流让砂自然覆盖在沟上面，以省去埋缆线的时间；而现在通常会用配备高压水泵的水下机器人冲一个沟然后放进去再埋上泥土。大陆和大陆之间都需要海底光缆的通信。

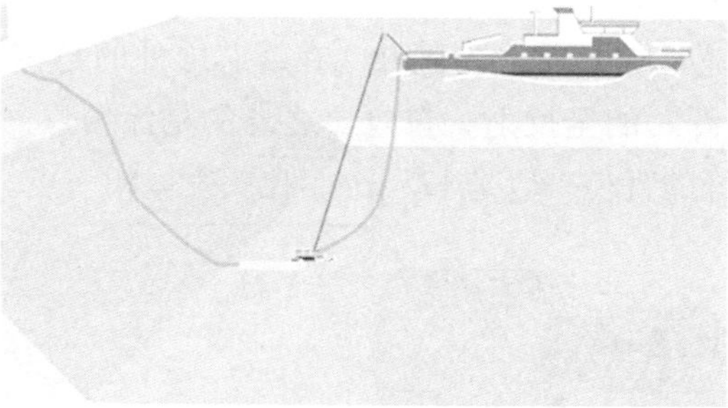

图2-15　海底光缆铺设

回顾光纤通信的发展，光纤通信经历了“理论—实践—产业”的三个阶段。第一阶段是1840年到1870年的理论阶段，前人发现了光的折射和全反射现象，从物理现象层面开始探索光通信，这是光纤通信的萌芽。第二阶段是1950年到1956年的实践阶段，人们从光纤模型层面发明了成像光纤，并应用在光纤内窥镜上，光纤传输已经进入人们的生活。第三阶段是1960年到1970年的产业发展阶段，单模光纤开始标准化，损耗越来越低，光纤开始进入到数字通信阶段。国内在光纤通信方面发展较好的企业有中兴通讯、华为技术和烽火通信公司。

通信的发展实际是围绕个人通信的终极目标进行的，力图实现“5W”(图2-16)，即任何人(Whoever)能在任何时间(whenever)任何地点(wherever)，向任何人(whomever)以任何形式(whatever)进行通信。

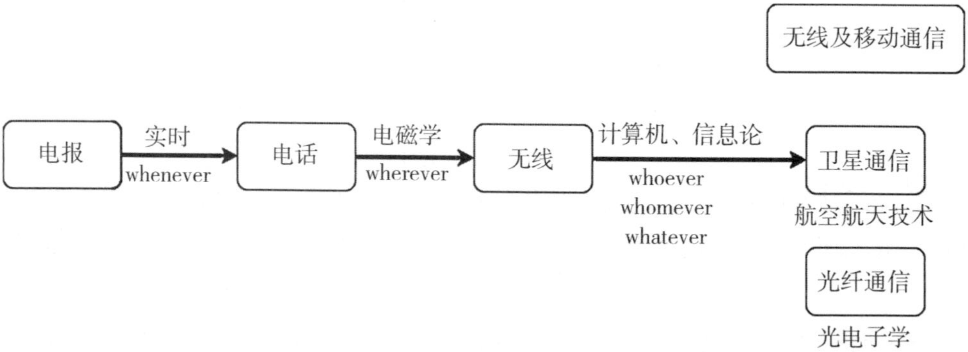

图2-16　通信需求发展演进

电报到电话的发展可以类比短信与电话，短信可以不用实时回复，但是语音通话要实时对答，这一过程解决了任何时刻(whenever)的问题。由于电磁学的发展，无线及移动通信诞生，又解决了任何地点(wherever)的问题。再到后来，随着计算机的出现和信息论的提出，现代通信三大技术(光纤通信技术、无线和移动通信技术、卫星通信技术)飞速发展，航空航天技术和光电子技术的进步，现代通信三大技术已经逐步解决了发送者、接收者和以何种方式进行通信的问题。人们可以根据不同的时间、不同的地点、不同的场景使用适合的方式，与任何人进行通信。

思考

1. 了解5G技术的优势和劣势，试从技术角度、经济角度和社会角度分析5G技术可能带来的问题。

2. 你认为现有的最具潜力的电子通信方式是什么？为什么？

本章参考文献

[1] SILVERMAN K. Lightning man: the accursed life of Samuel F. BD. Morse[M]. New York: Knopf, 2010.

[2] WEIGHTMAN G. Signor Marconi's magic box: the most remarkable invention of the 19th century & the amateur inventor whose genius sparked a revolution [M]. Cambridge: Da Capo Press, 2003.

[3] ATHERTON W A. From compass to computer: a history of electrical and electronics engineering[M]. San Francisco: San Francisco Press, 1984.

[4] 茨威格. 人类群星闪耀时[M]. 张伟, 译. 北京: 北京出版社, 2005.

[5] SHULMAN S. The telephone gambit: chasing Alexander Graham Bell's secret[M]. New York: W. W. Norton & Company, 2008.

[6] 武尔夫. 创造自然: 亚历山大·冯·洪堡的科学发现之旅[M]. 边和, 译. 杭州: 浙江人民出版社, 2018.

[7] KAO K C, HOCKHAM G A. Dielectric-fibre surface waveguides for optical frequencies [C]//Proceedings of the Institution of Electrical Engineers. London: IET, 1966, 113 (7): 1151-1158.

第三章　雷达史

雷达的英文为 radar，是无线电探测和测距(radio detection and ranging)的英文缩写。它通过发射电磁波来检测目标，从而探测目标的方向和距离。雷达系统不仅是军事上必不可少的电子装备，而且广泛应用于社会的方方面面，如气象预报、资源探测、环境监测等，以及科学研究，如天体研究、大气物理、电离层结构研究等。

3.1　雷达概述

雷达，是通过无线电的方法发现目标并测定它们空间位置的手段。从结构上讲，雷达系统主要由发射机、接收机和显示设备组成。发射机通过天线发射出电磁波，电磁波碰到目标后发生反射，接收天线接收到返回的电磁波，并通过接收机进行转化和信号处理，最后将扫描到的目标呈现在显示设备上。

雷达的种类繁多，分类方法也比较复杂，主要按信号形式、角跟踪方式、频段、用途等进行分类。

按信号形式分类，有脉冲雷达、连续波雷达、脉冲压缩雷达和频率捷变雷达等。按角跟踪方式分类，有单脉冲雷达、圆锥扫描雷达和隐蔽圆锥扫描雷达等。按频段分类，可分为超视距(短波)雷达、微波雷达、毫米波雷达和激光雷达等。按用途分类，可分为预警雷达、搜索警戒雷达、引导指挥雷达、炮瞄雷达、测高雷达、战场监视雷达、机载雷达、无线电测高雷达、雷达引信、气象雷达、航行管制雷达、导航雷达、防撞雷达和敌我识别雷达等。

当然，还有一些其他的分类方式：按目标测量的参数分类，有测高雷达、二坐标雷达、三坐标雷达、敌我识别雷达、多站雷达等；按采用的技术和信号处理的方式分类，有相参积累和非相参积累雷达、动目标显示雷达、动目标检测雷达、脉冲多普勒雷达、合成孔径雷达、边扫描边跟踪雷达；按天线扫描方式分类，有机械扫描雷达、相控阵雷达等。

在切尔诺贝利禁区外 2 km 处，有一座巨大的神秘金属建筑物，它曾经是苏联的秘密军事设施。它发射的电磁波能够到达大西洋，而且后来成为冷战时期的秘密基地之一。

图 3-1 苏联的 Duga-2 巨型雷达

这就是杜伽-2（Duga-2）雷达（图 3-1），由苏联通信部建设，是典型的超视距雷达（over-the-horizon radar），建成后用于弹道导弹发射的探测。它过去被称为“俄国啄木鸟”，因其工作时在无线电广播端总出现一个固定频率的低频信号，形成明显的敲击声音，如同啄木鸟啄木头的声音一般。

杜伽-2 雷达于 1972 年开始建造，同年切尔诺贝利核电站也开始建造。1976 年，杜伽-2 雷达完工，并开始运行。当初，建造它的目的是进行反击。从理论上讲，如果苏联人已经看见导弹出现在苏联国土的上空，那么就已经太迟了。比如，一款三叉戟-2 导弹（Trident-2）从美国内华达到苏联莫斯科只需要 28 分钟，如果观测到导弹已经发射，那么只有 20 ~ 25 分钟的时间按下杜伽-2 的“红色按钮”。这座雷达由众多接收天线连接传感器，传感器又通过数据线连接控制中心，它实质上就是一座巨大的电子计算机。

这座雷达在某次调试过后，在欧洲航行船只的短波电台上，始终会听到一个频率固定在 10 Hz 左右的噪声。当时，欧洲国家找到美国国家航空航天局求助，询问这个噪声的来源。美国使用了全球卫星系统进行搜寻，发现在苏联有这么一个“大天线”，便直接询问了苏联。苏联人当时谎称是电视台的信号发射塔。但是，苏联全国一共只有 3 座这样的天线塔，难道苏联全国就只有 3 个电视台？之后美国国家航空航天局逐渐了解到这座雷达的真实情况。

杜伽-2 雷达在 1986 年切尔诺贝利核泄漏后关闭，直到 1999 年才开始被世人了解。此时，苏联已经解体，但其建设目的、技术细节、技术能力等都仍处于保密状态。

为什么会存在如此神秘的雷达？让我们一同回顾雷达的历史。

3.2 雷达的理论基础

奥地利数学家、物理学家克里斯琴·多普勒(Christian Doppler)在文章《论双星与天空其他恒星的色光》(*On the Colored Light of the Double Stars and Other Lelestial Bodies*)中提出，双星系统中的“红移”和“蓝移”现象，是由频率的“移动”导致的，即观察者观察到波的频率取决于波源和观察者的相对速度，这被称为多普勒效应。多普勒还指出，双星系统离地球很远，也会发热、发光，一颗星是红色的，一颗星是蓝色的。光也是电磁波，也具有频率。他认为，一颗星在远离地球，另一颗星在靠近地球，所以肉眼观察的光发生了“偏移”，变成了红色或蓝色。

当然，多普勒在双星系统中提出的“红移”和“蓝移”现实，实际还受到宇宙膨胀等诸多因素影响，并非多普勒效应所说的那么简单。但该效应在随后的近20年的时间里，得到了理论的证实，也被应用到了各个领域，尤其是作为雷达的基本原理。

如果说多普勒效应给雷达的诞生提供了可行的理论依据，那么另一位科学家的实验证明及其在实验中的新发现，则为雷达的诞生提供了可行的技术支撑。这位科学家，就是德国物理学家赫兹。

赫兹根据电容器经由电火花隙会产生振荡的原理，设计了一套电磁波发生器，赫兹将一个感应线圈的两端接于产生器两根平行铜棒上。当感应线圈的电流突然中断时，其感应高电压使电火花隙中间产生火花。瞬间后，电荷便经由电火花隙在锌板间振荡，频率高达数百万周。由麦克斯韦理论，此火花应产生电磁波，于是赫兹设计了一个简单的检波器来探测电磁波。他将一小段导线弯成圆形，线的两个端点之间留有小电火花隙。因为电磁波应在此小线圈上产生感应电压，而使电火花隙产生火花，所以他坐在一个暗室内，使检波器距振荡器间隔10 m远，结果他发现检波器的电火花隙间确实有小火花产生。另外，赫兹还在暗室远端的墙壁上覆盖了可反射电波的锌板，而入射波与反射波重叠会产生驻波，因此他也用检波器在距振荡器的不同位置检测到了驻波。赫兹先求出振荡器的频率，又以检波器量得驻波的波长，二者乘积即电磁波的传播速度。正如麦克斯韦预测的一样，电磁波传播的速度等于光速。赫兹在1888年用实验证实了电磁波的存在，也证实了金属可以反射电磁波，这为后人对雷达的研制奠定了工程基础。

其实，大多数电磁波需要一定的约束机构进行传输，否则会向空中辐射。用以传输微波能量的约束机构和线路就是微波传输系统，主要分成三类：多导体传输线、金属管传输线和介质传输线。第一类多导体传输线，由至少两个导体构成，如双根线、同轴线、带状线、微带线等。在低频率时，两根导线就可以进行电能的传输，但随着频率的增加，波长短到可以与两根导线间的距离相同时，电磁能量就会从导线辐射出去，双根导线无法传输频率很高的微波。此时，为了避免辐射损耗，人们用一根导线把另一根导体包起来，从而把电磁场限制在内、外导体之间，使之无法辐射出去，就构成了同轴线。

但是，当频率进一步提高，又需要将两个导体之间的距离进一步缩小，这就使得同轴线的横截面必须再减小。这不仅会限制同轴线的传输功率容量，而且会使损耗(损耗主要集中在内导体)迅速增加。人们自然想到，可以直接把同轴线内导体去掉，以减小损耗和增加功率容量，直接由外导体形成金属空心管来传输微波的电磁能量。这就是第二类金属管传输线，该传输线在电磁波传输中被称为波导，如方波导、介质波导(图 3-2)等，传输横电波或横磁波。1936 年，乔治 · C. 索思沃斯(Georye C. Southworth)采用了内径为 12. 5 cm 的青铜圆管作为波导进行微波的传输。目前，波导已成为微波领域应用最广泛的传输系统之一。

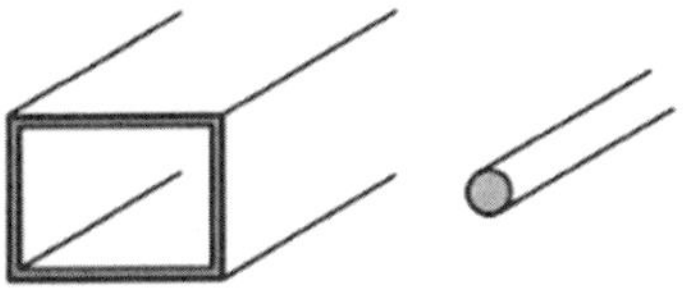

图 3-2　典型的波导类型

美籍塞尔维亚裔发明家尼古拉 · 特斯拉(Nikola Tesla)，被誉为“交流电之父”。他的一系列发明普及了交流电，与爱迪生的交流电与直流电之争也十分引人注目。特斯拉还提出了无线传能，他曾经在美国长岛建设了一座塔，希望通过这个塔给全球发射能量。特斯拉一生发明众多，提出的想法也众多。他在 1900 年曾经提出，可以利用电磁波确定物体的相对位置、速度和移动原因。

3.3　早期实验探索

1904 年，德国发明家、物理学家克里斯蒂安 · 胡尔斯迈尔(Christian Hülsmeyer)便提交了一个关于船只防撞击装置的专利，主要基于定向传输和接收连续短波的原理。发射机和接收机在同一船上，但两者的位置需要尽量远，如图 3-3 所示。利用这一装置和无线电波，他探测到了远距离物体，如船只。当有物体在距离这套系统几百米时，系统将响起警钟。因此，他也获得了德国、英国和美国的专利。这被电气与电子工程师协会称为全世界第一个可操作的无线电检测器，即雷达的前身。

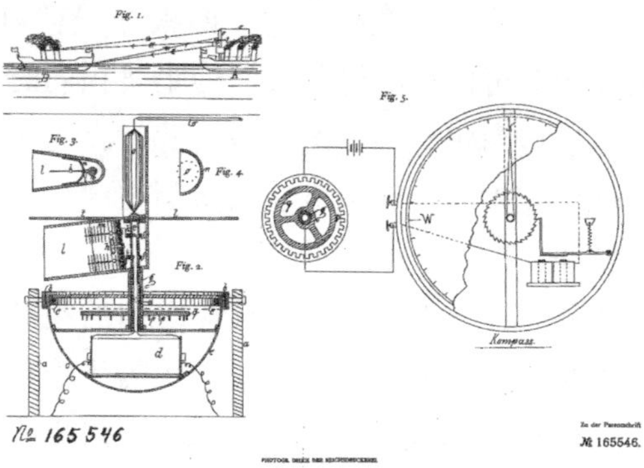

图 3-3 胡尔斯迈尔关于船只防撞击装置图纸

1922 年，意大利物理学家马可尼在美国电气及无线电工程师学会发表演说，其中提到了可防止船只相撞的平面角雷达。

1924 年，英国的两位物理学家，爱德华·阿普尔顿(Edward Appleton)和迈尔斯·巴尼特(Miles Barnett)，证明了电离层的存在，测量了电离层的高度。后来，阿普尔顿获得了 1947 年诺贝尔物理学奖。当时，他俩在测量电离层高度时发现，如果用无线电脉冲测量高度，上空经过的飞机会对高频电磁波传输产生影响，如果能够量化这个影响，也许能对经过的飞机或者其他目标进行追踪和判断。

接下来的 10 年，利用无线电波对飞机和船只检测的实验，在美国、法国和德国都有开展。

1925 年，美国海军实验室的研究员格雷戈里·布赖特(Gregory Briet)和梅尔·图夫(Merle Tuve)，也实施了同类实验，测试经过的飞机、船只对电磁波传输是否会产生影响。

1930 年，美国海军实验室的约翰·海兰德(John Hyland)，偶然用连续波雷达探测到头顶经过的飞机会对电磁波传播场造成严重干扰。海兰德是一名资深的海军雇员，对军用飞机的潜在威胁和检测装置的需求很敏感，他立即提议将高频无线电用于飞行器检测和警告。

1932 年，美国海军实验室公布了以劳伦斯·A. 泰勒(Lawrence A. Taylor)、利奥·C. 扬(Leo C. Young)和海兰德为发明人的雷达专利。

虽然上述这些装置的功能会使人联想到雷达，但它们还并未真正具备实际用途。20 世纪 30 年代，几个大国开始探索将该项技术用于军事，雷达这个研究方向在美国、英国、法国、德国、意大利、日本和苏联拉开序幕。

1934 年，美国海军实验室的研究员罗伯特·莫里斯·佩奇(Robert Morris Page)研制了第一部真正的雷达装备。他在之前的几年研发脉冲技术，使得发射频率得以提高，雷达探测技术也取得突破；同时，双工技术的出现让发射机和接收机可以使用同一个天线，使在军事上利用雷达成为可能。佩奇后来还成为美国海军实验室研究部主任。

1935 年，罗伯特·A. 沃森-瓦特(Rober A. Wastson-Watt)，一位号称是詹姆斯·瓦特(蒸汽机改良者)后代的英国物理学家，通过短波无线电检测到 8 英里外的轰炸机。他实现了用无线电技术检测气象和雷暴，还能探测到 50 英里外的飞机。在距离测量已经完成时，沃森-瓦特又提出了新的问题：探测的角度也需要新的探讨。

1938 年，美国陆军信号局生产出第一部国产定性脉冲雷达 SCR-268，随后开发出远程警戒雷达 SCR-270，并装配于珍珠港。

3.4 战争与雷达

在第二次世界大战爆发后，军事需求推动了雷达技术的发展，各国陆续研制和生产出了远程警戒雷达、控制高射炮瞄准射击的炮瞄雷达，以及各类地面、机载、舰载雷达。在雷达研制生产方面，当时的美国和英国有极大的优势，并借此在第二次世界大战中创造了辉煌战绩。

从 1939 年起，英国和德国就开始利用雷达技术监测敌军飞机或舰艇。在第二次世界大战初期，德国 U 型潜艇对同盟国军队(简称“盟军”)的船只威胁极大。最初，盟军船只每天被击沉 16 000 余艘，盟军最初使用高频雷达，但是后来被德国人识破。后来，盟军改用了微波雷达，严重打击了 U 型潜艇。德国人对微波雷达毫无办法，微波雷达有效地制止了 U 型潜艇对盟军海上运输线的威胁。

在第二次世界大战中，为了抵御德军的空袭，沃森-瓦特在战争初期全力推动英国设计和建造了沿英吉利海峡海岸线的远程无线电防空预警系统，并将其命名为“国土防空链”。初期的“国土防空链”，主要通过 6 ~ 15 m 的波段进行检测，最初在英国东部海岸建了 5 个站。后于 1940 年，又在东部、南部海岸线建设了 22 个站。每个站如图 3-4 所示，左边 3 架天线是发射站，为高 11 m 的金属塔；右边 4 架天线是接收站，为高 73 m 的木塔。“国土防空链”尽可能采用当时已经成熟的技术，以保证雷达系统的高度和有效性、可靠性。它由一系列雷达和通信网组成，可以侦测到 110 km 外上空飞行的目标。

这样的雷达防空系统对德国战机的空袭有了很好的预判。后来，在发现英国使用“国土防空链”后，德国调整策略，派遣战机低空飞行，这样“国土防空链”因为波段限制，就难以侦测到德国战机。英国随后将“国土防空链”改进为“低空国土防空链”，主要利用 1.5 m 波段的无线电波进行雷达扫描，有效地打击了低空飞行的敌机。“国土防空链”在 1940 年春夏的不列颠战役中，为保卫英国国土发挥了关键作用。

图 3-4 “国土防空链”雷达防空系统的一站

德国在1940年使用了一台约600 MHz的雷达，以进行防空火炮的引导。德国当时具备最精确的雷达系统。

伴随着一个重要电子元器件的诞生——速调管(图3-5)，雷达系统进入快速发展期。速调管是一种特殊的线束真空管，1937年由美国电气工程师拉塞尔·瓦里安(Russell Varian)和西格德·瓦里安(Sigurd Varian)发明。速调管是一种用于超高频到微波频段的高功率线性电子束放大器。低功率的速调管在地面微波中继通信链路中用作振荡器，而高功率的速调管则在超高频电视发射机、卫星通信、雷达发射机中用作输出管，并为现代粒子加速器提供驱动电源。当时，在雷达中主要用于末级功率放大。

速调管工作原理巧妙：电子束在通过谐振腔(谐振腔是沿着导管长度方向的金属盒)时，与无线电波发生相互作用，电子束的能量会放大信号，放大的信号从电子管另一端的空腔中输出，输出信号可以耦合回输入腔制成电子振荡器，产生无线电波。

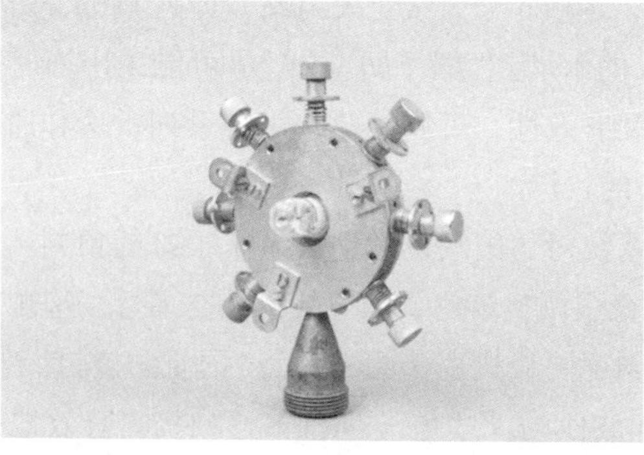

图 3-5 速调管(电子科技博物馆藏)

雷达真正的巨大突破来自多腔磁控管的发明。性能更好的雷达必须使用更高功率、更窄波束的电磁波，而更窄波束的电磁波只能通过几百兆赫兹的频率才能获得。

1939 年，英国海军上将委派英国伯明翰大学的约翰·特顿·兰德尔(John Turton Randall)和哈里·布特(Harry Boot)，着手高功率雷达发射机的研究。英国海军之前的一些研究主要将注意力集中在速调管上，而兰德尔和布特则不同，他们将速调管的谐振原理应用在了磁控管上。一年后，他们发明了多腔磁控管。多腔磁控管可提供在 10 cm 波段的极高功率电磁波，大大革新了雷达设备。这也成为第二次世界大战中盟军取得胜利的关键因素之一。

多腔磁控管是一种大功率真空管，利用电子流与磁场的相互作用产生微波，即电子流经过一系列空腔谐振器(即小型开放空腔)时产生微波，如图 3-6 所示。电子经过每个空腔时，会引起内部微波振荡。磁控管在作为电子振荡器时，会产生微波信号作为微波源，而非作为放大器来增加外部微波信号强度。

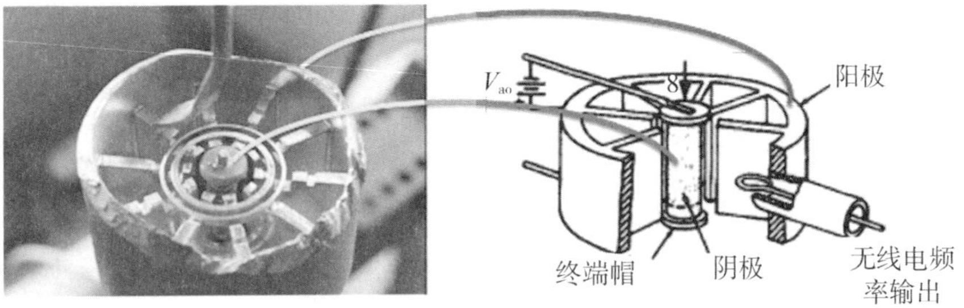

图 3-6　多腔磁控管示例

1940 年，美国还未正式参加第二次世界大战，英国与美国之间签订了与科技交流有关的协议，进行科学和技术的交换。当时，贝尔实验室的电子管技术已经非常先进，他们在 700 MHz 的频率下发射波的功率能达到 2 kW。英国派出代表团，将伯明翰大学发明的“黑盒子”带到了美国，教会了美国人使用多腔磁控管技术。麻省理工学院放射实验室又在此基础上大力发展，在 3 GHz 的频率将发射功率提升到了 10 kW，厘米波雷达很快就成为现实，也成为盟军的秘密。德国一直不知情，直到在 1943 年击落英国飞机和美国飞机后，才发现飞机里的 10 cm 雷达和 3 cm 雷达中使用了这样一个神秘的元器件。

1941 年 12 月 7 日清晨，日本海军航空母舰舰载飞机和微型潜艇突然袭击美国海军太平洋舰队在夏威夷的基地珍珠港，以及美国陆军和海军在瓦胡岛上的飞机场，太平洋战争由此爆发。原本，瓦胡岛奥帕纳角雷达站拥有一部序列号 012 的 SCR-270 型雷达，但 12 月 7 日清晨当班的两位操纵员却没有在早上 7 时按照计划关闭雷达。原因是给他们送早餐的卡车迟到了，两位年轻的雷达兵打算利用等待的时间进行额外的操纵练习。早上 7 时 02 分，主控台的示波器突然显示强烈的回波信号，表明一个大型目标正从北面接近瓦胡岛，距离大约 210 英里。两人此前从未遇到过这种情况，而且也不清楚雷达是否出现故障，如果那个信号准确，那么正在飞临的机群规模超过 50 架。他们把消息上报通信中心，但话务员报告给相关指挥官时，这一消息却被忽略了，指挥官认为是本国从加利福尼亚飞来的 6 架 B-17 轰炸机，便没有继续侦察，因此错过了防空预警时间。实际上，被雷达发现的目标正是日军第一攻击波的 183 架飞机，这次袭击最终将美国卷入第二次世界大战，被称为珍珠港事件。

第二次世界大战以后，为了夺得世界霸权，雷达仍是美、苏等国重点发展的军事装备。许多新式的雷达，如单脉冲、合成孔径、相控阵、脉冲多普勒、超视距等，都是在 20 世纪 50 年代至 60 年代发展起来的。20 世纪 50 年代末，美国建立了以雷达为主要探测手段、计算机为控制中心的半自动防空系统——赛其系统，完成了围绕美国本土的全面防空预警系统，并且在之后几十年中对其不断改进和完善。苏联也建立了类似的系统。在冷战结束后，美国、俄罗斯等国继续大力发展新式雷达技术。例如，“铺路爪”弹道导弹预警雷达、“爱国者”导弹武器系统、联合监视目标攻击雷达系统和“宙斯盾”雷达系统。

3.5 中国雷达的发展

中国的雷达工业起步较晚，是在新中国成立后，根据国防建设需要逐步形成和发展起来的新型工业。经过中国科技人员 20 多年的不懈努力，经历了从小到大，从维修、仿制到自行研制的发展过程，走出了一条自力更生、艰苦奋斗、勇攀高峰的发展道路，在全国相继建成了 100 多个雷达研究机构和生产工厂，研制、生产了多种门类、几百个型号的军用和军民雷达。

从中国雷达技术和产品的总体发展来说，大致经历了以修配为主、仿制为主、自行设计为主和发展提高的四个阶段。

3.5.1 以修配为主的发展阶段(1949—1953 年)

这一阶段以开创基业和修配美国、日本旧雷达为主要标志。1949 年 5 月，接管了国民党的南京雷达研究所，标志着我国雷达工业发展从此揭开序幕。

在 1949 年后，国民党部队不断突袭大陆沿海城市，国家防空部队急需雷达。不久，抗美援朝战争开始，前线战场也需要各种雷达设备。国家在人力、物力等方面给予雷达研究大力支持。经过系统修复和改造缴获的雷达设备主要是美国、日本的旧雷达，装备部队使用。这些修复的雷达绝大多数是警戒雷达，也有炮瞄雷达、用于高炮或探照灯引导的美国早期单目标跟踪雷达、舰艇上搜索海面活动目标雷达。后期，也修理过少量苏式雷达。

3.5.2 以仿制为主的发展阶段(1953 年年底—20 世纪 60 年代初)

这一阶段，以建立雷达生产基地和仿制苏式雷达为主要标志。新中国成立后，苏联援建中国的 156 项工程中与雷达有关的占了 7 项，包括 6 座整机厂和 1 座配套厂。之后，中国又与苏联签订了有关协定，开始仿制苏式雷达产品，包括警戒雷达、炮瞄雷达、舰载雷达等。

地面防空雷达的仿制和自行设计，几乎是同时开始的。1954 年，中国仿制成功的中程警戒雷达，是第一批装备部队的国产雷达。1956 年，中国第一部微波对海远程警戒雷达设计成功。

仿制的海用雷达，包括海军警戒雷达、舰艇搜索雷达、搜索攻击雷达、导弹制导雷达、鱼雷快艇攻击雷达和鱼雷潜艇攻击雷达。

典型的炮瞄雷达，如陕西黄河集团研制的 860-甲炮瞄雷达(图 3-7)。1953 年，苏联开始援助中国，并在西安筹建西安国营第 786 厂，即现陕西黄河集团。1957 年，786 厂开始仿制苏式松九雷达。一年后，试制成功，被称为“一号产品”，编号 301。该型炮瞄雷达成为中国第一代大批量装备部队的炮瞄雷达。在对越自卫反击战中，中国利用侦察雷达探获敌机方位信息，由炮瞄雷达进行定位瞄准，高炮火力部队再对此进行“近战集火”攻击。随后，美军采用百舌鸟反雷达导弹针对中国防空系统进行打击，而当时中国防空系统依赖的 301 炮瞄雷达无法达到防御需求性能。在此背景下，786 厂研制了更符合战势的 860 炮瞄雷达，将百舌鸟反雷达导弹的命中率直接降至 6%。一部 860 炮瞄雷达，可以指挥 8 门高射炮，并且全天候作战。860 炮瞄雷达产量最高时达到了年产 180 台，总生产量超过了 1 500 台，开创了中国自行研发精密雷达的先河，成为中国防空部队在 20 世纪 90 年代中期以前最主要的炮瞄雷达之一。

图 3-7 陕西黄河集团研制的 860-甲炮瞄雷达(电子科技博物馆藏)

20 世纪 60 年代，美制 U-2 高空侦察机在中国领空首次被我军装备制导雷达的地空导弹部队击落，前后共被击落 5 架。

当时，雷达所需的主要元器件也从仿制开始。其中，较为重要的元器件是波导元件。中国首套实用化三公分波导元件于1958年在苏联援助下由南京720厂仿制成功，成都电讯工程学院在20世纪60年代参与后续技术优化，并生产了中国自主生产的第一代三公分波导管(图3-8)，推动了国产化进程。苏联在中国第一个五年计划(1953—1957年)期间，通过156项工程对中国进行工业援建，以技术援助的方式帮助中国建立工业基础，电子工业是其中的重要部分。出于国防安全考虑，中国决定发展自己的雷达工业。因此，在此次技术援助中，苏联派出专家在雷达工业相关领域，进行教育教学和技术培训。其中，苏联专家依·弗·列别捷夫(I. V. Lebedev)等人从1956年到1958年，协助筹建了中华人民共和国第一所无线电大学——成都电讯工程学院。他们带来图纸和仪器，与中国研究人员合作，建立了超高频实验室，还开设了三门课程，撰写了教科书。他们还积极开展人才培养，主办技术培训班，培养教师、科研人员和研究生。在他们的指导下，成都电讯工程学院的科研人员改进并补充列别捷夫带来的波导图纸，并在四位八级技术工人的帮助下，在校办工厂成功试制了三公分波导管。这些波导元件通过调试和测试，性能参数符合标准。后来，成都电讯工程学院又陆续生产了100多套波导元件，每套有20件不同类型的波导管。

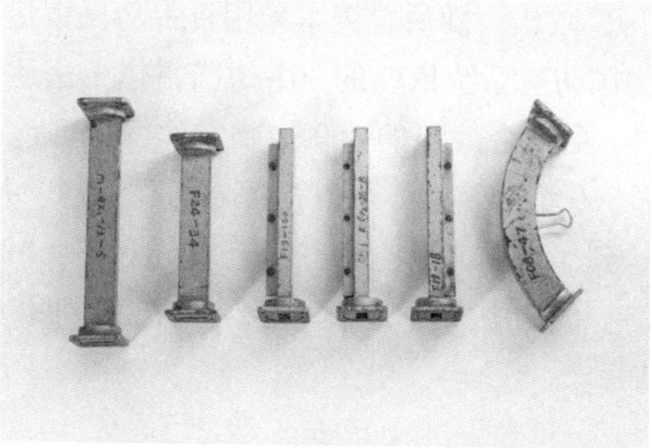

图3-8 中国自主生产的第一代三公分波导管(电子科技博物馆藏)

当时，全国各地的研究机构、工厂和学校要求订购波导管，包括清华大学、交通大学、复旦大学、武汉大学、北京邮电学院(现北京邮电大学)、中国科学院电子学研究所、中国人民解放军总参通信电信科学技术研究所、第二机械部第十二所和第十所、国营第714厂等。成都电讯工程学院将修改后的波导元件图纸共238张，上交给第二机械工业部第十所，并在成都地区的科学技术展上展示。之后，图纸在南京国营第720厂进行必要修改后制成样品，向各需求单位开放订购。成都电讯工程学院所供应给全国各地的波导元件，一定程度缓解了当时全国教学、科研设备的短缺问题，特别是解了进口元器件困难的燃眉之急。

中国第一代波导元件的成功研制，遵循“学习—模仿—吸收—自主创新”的规律，在新中国工业发展初期推动了雷达工业发展，对中国电子工业的创新发展有积极作用。

1959 年 6 月开始，苏联逐步停止对华技术援助，苏联专家逐渐撤离。这给仿制工作带来了很大损失和困难。经过努力，绝大多数有资料、样机或只有样机的苏式产品都被仿制成功了。

这一阶段仿制的雷达，大多数相当于苏联 20 世纪 50 年代初期、中期水平。仿制的成功，扩展了我国装备部队雷达产品的门类系列，形成了雷达为陆、海、空部队服务的体系的雏形。通过多部雷达的引进和仿制，中国研究院所初步掌握了雷达试制生产的技术。

3.5.3 以自行设计为主的发展阶段(20 世纪 60 年代初期—70 年代中期)

这一阶段以自力更生研制雷达、新技术大量采用和科研队伍成长壮大为主要标志。

1960 年，苏联单方面全面中止合同，撤走全部专家。这对中国雷达工业影响较大，严峻形势迫使中国更加坚定地走自力更生道路。中央军委提出了“两弹为主，导弹第一，努力发展电子技术”的方针，为雷达工业明确了主攻方向，要围绕着“两弹一星”等战略武器和为陆、海、空军常规武器装备现代化配套，进行各种雷达的研究、试制和生产。

为配合导弹靶场的导弹试验和卫星发射任务，我国开始研制导弹、卫星无线电测量控制设备。20 世纪 70 年代以后，为配合国家向太平洋海域发射洲际导弹、潜地导弹潜艇水下发射和发射同步卫星等任务，中国相应雷达的研制工作也开展了起来。这期间，研制成功的单脉冲精密测量雷达，填补了中等精度外测系统的空白。首次自行研制的单脉冲精密测量雷达的测角精度，达到了 0.2 密位，圆满完成了中国第一颗人造卫星“东方红”发射的测控任务。

与此同时，一批为武器配套的雷达也自行设计研制出来了，其中包括机载火控雷达、导弹制导雷达、轰炸瞄准雷达、多普勒导航雷达、测距雷达、导航雷达、无线电高度表和轰炸雷达等。

除军用雷达外，中国在这一阶段还研制了军民通用的气象雷达、空中交通管制雷达等。这一阶段脱离了国外产品的图纸、工艺资料和样机等，自力更生自行研制开发新雷达。整机所需的原材料、元器件和部件逐渐立足于国内。一些雷达在定型后批量生产，装备部队使用，并开始向国外出口。

3.5.4 发展提高的阶段(20 世纪 70 年代中期以后)

这一阶段以中国雷达新技术不断被突破，品种增多，以“军民结合”和产品进入国际市场为主要标志。

1978年年底，党的十一届三中全会作出了把党和国家的工作重点转移到社会主义现代化建设上来的战略决策。进入20世纪80年代后，国际形势进一步趋向缓和。在这种情况下，中国雷达研究所和企业实行“军民结合、平战结合、军品优先、以民养军”和“多试制，少生产”的指导方针，使雷达技术得到较大进展。在此期间，中国又成功研制出多种新型国土防空雷达，其中包括机械扫描和相控阵体制的三坐标雷达。

在机载雷达方面，中国成功研制了具有全方位、全高度、全天候的脉冲多普勒机载火控雷达及机载多功能轰炸雷达，并开展了机载预警雷达的研制。另外，为舰船成功研制了舰载相控阵三坐标雷达和舰艇综合火控雷达系统，为兵器配套成功研制了炮位侦察校射雷达等；还成功研制一批其他类型的新型雷达，如敌我识别雷达、天气雷达、近程远程交通管制雷达、着陆雷达、成像雷达等。

这一阶段研制雷达的共同特点，是在技术上实现了一定的突破，雷达本身融合单脉冲跟踪体制技术、脉冲压缩体制技术、多普勒体制技术、相控阵体制技术和成像体制技术等于一体，实现了雷达设计集成化、数字化、自动化、固态化。因此，雷达具备了作用距离远、抗干扰性能好、分辨率高、可靠性高的性能。

20世纪70年代以后，中国雷达技术的发展目标是赶上和缩小与世界雷达技术的差距。1991年的海湾战争，既反映了雷达在情报侦察、指挥控制、作战管理效能评估等方面起到的不可替代作用，又反映了雷达受到隐身技术、反辐射导弹、电子干扰、低空飞行器等方面的威胁。未来战争将是多层次、全方位、大纵深的，是涵盖陆、海、空、天、电的高技术对抗。因此，人们对雷达提出了更新的要求。

①加速发展正在研究的雷达“三超”(超低副瓣、超宽带、超高分辨)技术和“四抗”(抗干扰、抗反雷达导弹、抗隐身、抗低空入侵)技术，并且超宽带和超低角跟踪技术已用于工程。

②雷达波段向两端扩展，即从米波延长到短波，从微米波扩展到毫米波、红外、可见光波段。

③雷达设计广泛采用计算机技术，使雷达能进行自适应处理控制，雷达内部及其与其他电子设备能进行数字数据传送。

④发展低截获概率雷达，实行分布式雷达新体制和雷达升空升天技术的研究。

70多年来，我国已研制、生产了几百个型号，几万部陆、海、空军用和军民两用雷达，初步建立了国土防空雷达情报网、航天测量控制网、对海雷达情报网、防空高炮及地空导弹电子系统、雷达敌我识别系统、气象雷达探测网等。为导弹、卫星等尖端武器和飞机、舰艇、坦克等常规武器配套研制了各种雷达。同时，逐步转为民用，为能源、交通、水利、气象、纺织、医疗等传统产业提供了大批先进的电子设备，为市场提供了大批电子产品。紧跟国外先进雷达技术，突破了一个个关键技术，研制出新型雷达以满足国防和民用的需要。现还对雷达的“三超”“四抗”技术积极开展研究，有的已取得明显成果。20 世纪 80 年代以后，已有数十种雷达出口，显示了中国雷达技术和雷达工业已逐步接近世界先进水平。

国土防空雷达网基本覆盖全国中高空领空，装备了远程警戒雷达、中程警戒雷达、测高雷达、引导雷达和三坐标雷达等，承担着对空警戒和引导的双重任务。

航天无线电测控网已初具规模。中国目前已基本建成了覆盖面广，遍及全国几十个台站和远洋测量船的庞大而复杂的测控网，雷达技术参与了导弹、卫星试验和应用发射，成功地跨越了战略导弹跟踪测量、卫星返回段测控、地球同步轨道卫星定点测控三个台阶，为国防现代化作出了重大贡献。1970 年 4 月 24 日，单脉冲精密测量雷达完成了我国第一颗人造卫星“东方红”发射的测控任务，准确及时地预报了卫星入轨参数和运行轨迹。1980 年 5 月 18 日，我国向太平洋预定海域成功地发射了远程试验火箭，沿航区所有地面和船载测控系统，以及装在弹上和弹头上的 7 种应答机、信标机和安全指令接收机，全部正常工作，激光和红外系统均获得了再入段的数据，圆满完成了任务。1984 年、1986 年、1988 年，先后成功地发射了三颗同步通信卫星，圆满地完成了对运载火箭和卫星的测控任务。我国每年的卫星发射都有测控系统在执行任务。

我国还对数千千米的海岸及海岛各观通站、岸炮和导弹阵地，配备了各种海岸警戒雷达、岸防侦察校射雷达和岸舰导弹武器系统的地面跟踪雷达，初步建成对海雷达网，用于搜索、跟踪空海目标，控制岸炮和导弹等武器射击。

中国海军已拥有各种先进舰艇，已装备各种型号舰载雷达设备，无论是战术功能、技术水平和使用质量，均达到了相当的水平。1988 年 3 月 14 日，在南沙群岛海域保卫战中，“鹰潭号”在雷达的导引下立下战功。

在空军的歼击机、轰炸机、运输机等各种飞机上，装配了与其配套的各种机载雷达，为我国国防事业和民用航空事业作出了巨大贡献。

为防空高炮和防空导弹配套的炮瞄雷达、指挥仪和地空导弹制导雷达，大量装备了防空部队，在保卫国土安全、打击入侵敌机中屡建功绩。

此外，为陆军部队装备了地面战场侦察雷达、炮兵侦察校射雷达、火炮指挥仪和探雷器等。其中一些装备在边境反击战中立下了战功。

经过 70 多年的艰苦奋斗，雷达行业已成为国防现代化建设和参与国民经济主战场的一支实力雄厚的产业大军，形成了中央与地方相结合、沿海与内地相结合、军用与民用结合、专业和门类比较齐全的工业体系。一批产品的性能指标已跨入先进行列。同时，培养和造就了一支业务能力扎实的技术队伍，从而使我国雷达工业以崭新的姿态进入新阶段。

思考

1. 当前，我们正处在世界科技革命和军事革命的历史交汇期，协同探测、一体化、量子、微波光子、太赫兹、微系统、精细化处理等新兴技术已成为国内外雷达界的研究热点。你认为哪一项技术能够成为下一代雷达的颠覆性技术？理由是什么？
2. 为什么说军事是推动雷达发展的主要力量？

本章参考文献

[1]王文祥．微波工程技术[M]．北京：国防工业出版社，2009.
[2]POND N H. The tube guys[M]. West Plains: Russ Cochran, 2008.
[3]赵轲，操均益，梅鹤飞．中国雷达工业关键起步点——第一代波导元件研制始末[J]. 中国科技史杂志，2021，42(4)：8.
[4]姬文波．640 工程：中国第一代反导系统的研制[J]．党史博采(上)，2019(9)：55-60.

第四章　广播电视史

广播电视是通过无线电波或通过有线线路向广大地区播送音响、图像节目的传播媒介。它的出现和发展，在全球范围内影响着人类文明的进程，并以其特有的传播特征和方式，建构了当今社会交往的新形态，造就了人类新型的思维方式，催生了当代社会崭新的生活方式。

4.1　广播概述

广播是什么呢？它是指通过无线电波或导线传送声音的新闻传播工具。无线电波，就是在自由空间(包括空气和真空)传播的射频频段的电磁波，所以对广播进行分类时，可以从电磁波的角度切入。

按照无线电波的波长，通常人为地把无线电波分为长波(波长 1 000 m 以上，频率为 100 ~ 300 kHz)、中波(波长 100 ~ 1 000 m，频率 300 kHz ~ 3 MHz)、短波(波长 10 ~ 100 m，频率 3 ~ 30 MHz)、超短波(波长 10 ~ 1 m，频率 30 ~ 300 MHz)和微波(波长 0.01 ~ 1 m，频率为 300 MHz ~ 300 GHz)等，如表 4-1 所示。

表 4-1　广播使用的电磁波波段和频率范围

波段名称	波长范围	频段名称	频率范围
长波	1 000 m 以上	低频(LF)	100 ~ 300 kHz
中波	100 ~ 1 000 m	中频(MF)	300 kHz ~ 3 MHz
短波	10 ~ 100 m	高频(HF)	3 ~ 30 MHz
超短波	1 ~ 10 m	甚高频(VHF)	30 ~ 300 MHz
微波	0.01 ~ 1 m	特高频(VHE)	300 MHz ~ 300 GHz

4.1.1 各类型波段传播特点和用途

(1) 长波

长波的传播，主要是靠地面波和经电离层折回的天空波来进行，它的传播距离由发射机功率和地面情况决定，一般不超过 3 000 km。主要用作无线电导航、标准频率和时间的广播、电报通信等。由于长波波长很长，地面的凹凸与其他参数的变化对长波传播的影响可以忽略。在通信距离小于 300 km 时，到达接收点的电波，基本上是地面波。长波穿入电离层的深度很浅，受电离层变化的影响很小，电离层对长波的吸收也不大，因而长波的传播比较稳定。虽然长波通信在接收点的场强相当稳定，但是它有两个重要的缺点：①由于表面波衰减慢，发射台发出的表面波对其他接收台干扰很强烈；②天电干扰对长波的接收影响严重，特别是雷雨较多的夏季。

(2) 中波

中波靠地面波和天空波两种方式进行传播。在传播过程中，地面波和天空波同时存在，有时会给接收造成困难，故传输距离不会很远，一般为几百千米，主要用作近距离本地无线电广播、海上通信、无线电导航、飞机通信等。

中波能以地面波或天空波的形式传播，这一点和长波一样。但是，长波穿入电离层极浅，在电离层的下界面即能反射。中波较长波频率高，故需要在比较深入的电离层处才能发生反射。波长在 3 000 ~ 200 m 的中波，以地波传播为主，接收场强在白天较稳定，可用以完成可靠通信，如船舶通信与导航等。波长在 200 ~ 50 m 的中短波，可同时依赖地波和天波传播，主要用于中距离广播，故此波段在国际电信联盟无线电规则中正式命名为中频广播波段。

(3) 短波

短波的传播主要靠天空波进行，它能以很小的功率借助天空波传送很远距离，主要用于远距离国际无线电广播、远距离无线电话和电报通信、无线电传真、海上和航空通信等。

与长波、中波一样，短波可以靠地面波和天空波传播。由于短波频率较高，地面吸收较强，用地面波传播时，衰减很快。在一般情况下，短波的地面波传播的距离只有几十千米，不适合作远距离通信和广播之用。与表面波相反，频率增高，天波在电离层中的损耗却减小。因此，可利用电离层对天空波的一次或多次反射，进行远距离无线电通信。

(4) 超短波和微波

超短波，又称“米波”或“高频无线电波”，主要传播方式是直射波传播，传播距离不远，一般为几十千米，主要用作调频广播、电视、导航、雷达、射电天文学等。

微波主要是直射波传播。微波的天线辐射波束可做得很窄，因而天线的增益较高，有利于定向传播；又因频率高，信道容量大，应用的范围也很广。主要用作定点及移动通信、导航、雷达定位测速、卫星通信、中继通信、气象、射电天文学等。

超短波、微波的频率很高，地面波衰减很大。电波穿入电离层的深处，甚至不能反射回来，所以超短波、微波一般不用地面波、天空波的传播方式，而只能用空间波、散射波和穿透外层空间的传播方式。超短波、微波，由于频带很宽，因此应用很广。图 4-1 所示的是常见波纹的利用微波的传播特点和用途通信时，可同时传送几千路电话或几套电视节目而互不干扰。

超短波和微波在传播特点上有一些差别，但基本上是相同的，主要是在低空大气层做视距传播。因此，为了增大通信距离，一般把天线架得很高。

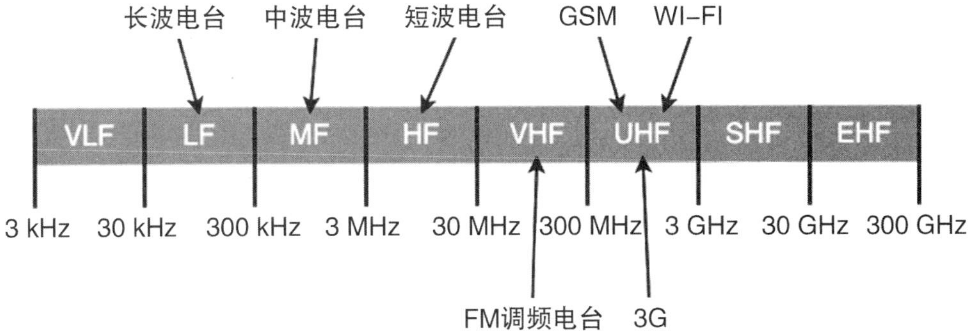

图 4-1　常见波段传播特点和用途

4.1.2　调幅与调频

广播的信息在传输之前需调制成可传播信号，调制的方式有两种：调幅和调频。

(1) 调幅

调幅(AM)就是指调幅制广播，是指中波及短波广播。这种无线电波的载频幅度，是随着调制的音频信号而变(图 4-2)。其优点是接收机的电路构造简单、成本低，能接收远距离的短波段广播及国内普遍采用的中波广播，每个电台的带宽是 9 kHz(双边带，音频带宽是 4 500 Hz)。但是，由于干扰信号主要是对无线电波的幅度起作用，抗干扰能力差。其带宽较窄，音质较差，适合语音广播。

(2) 调频

调频(FM)指调频制广播，又称“调频广播”。载频信号的频率，是随调制的音频信号而变，幅度不变。其优点是频带宽，每个电台达上百千赫兹，音质好。干扰信号对广播信号幅度的影响，可以用限幅器予以削除，所以调频广播的抗干扰能力很强，几乎无杂音。但由于频带很宽，整个中波频段也容不下几个电台，只能用超短波进行广播。超短波段信号只能以直线方式传播，为本地听众服务，但是本地能接收的调频电台数量有限。图 4-3 为调频广播的信号形式。

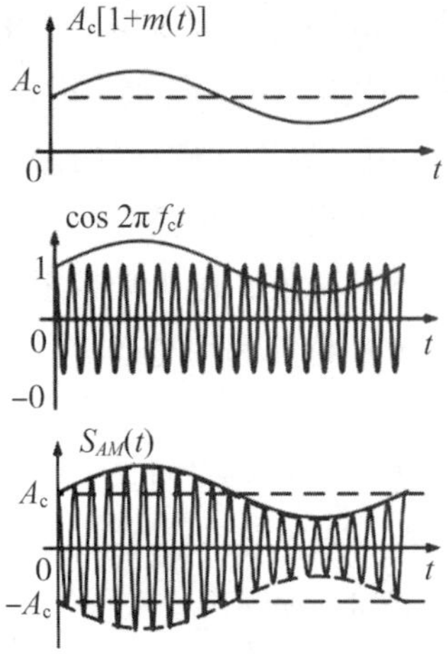

图 4-2 调幅广播信号形式

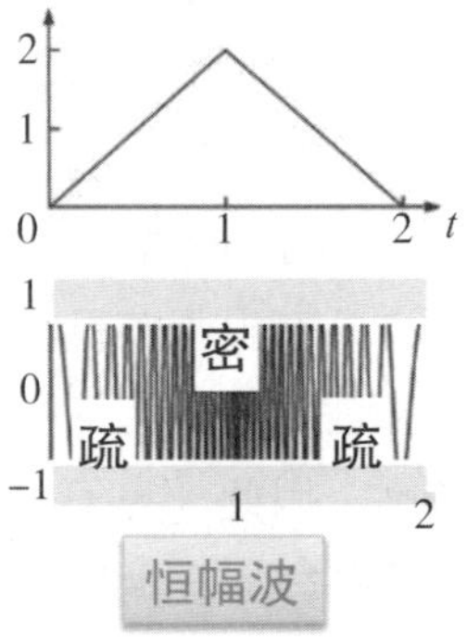

图 4-3 调频广播信号形式

根据以上两种调制方式的区别，如果只听本地高质量的音乐、语音等广播，用单一调频频段的收音机就可以；要收听外地电台广播，或较多的电台，就要使用调频和调幅(包括中波、短波)的多波段收音机。

4.2 声音的收发

1906 年 12 月 24 日圣诞节前夜 20 点左右，美国东北部海域几艘轮船上的无线电报务员，突然从耳机中听到一个男子的说话声音。这些平时听惯了“嘀嘀嗒嗒”电码的报务员，不由大吃一惊。耳机中的男子，先用留声机播放了一曲亨德尔的《广板》(*largo*)，再用小提琴演奏了《圣善夜》(*o holy night*)，最后向大家祝贺圣诞快乐。几分钟后，声音消失了，耳机中又重新响起莫尔斯电码滴答声。这就是人类实现的第一次无线电广播，这次历史性的播音就是雷金纳德·费森登(Reginald Fessenden)从实验室传播出来的。

费森登是一名在加拿大出生的美国发明家。他曾被美国发明家爱迪生聘为爱迪生机械公司的技术员，后来又在美国西屋电气公司担任电气工程师。1900 年，他开始为美国气象局工作，试验将无线电技术用于天气预报。数年间，他一直设想如何把人的声音加载到电磁波上，传送出去。1902 年，两位匹兹堡的金融家赞助了他，在美国东北部的马萨诸塞州建起一个实验室，开始从事这方面的研究与实验。他埋头苦干了 4 年，终于在 1906 年圣诞节前夜，第一次实现了声电转换及其无线传播。虽然，这次广播播放时间很短，听众极少，但它同俄国物理学家波波夫、意大利人马可尼的无线电通信的试验一样，意义重大。

当然，费森登实验的成功也是建立在前人的研究基础上。1895 年，波波夫和马可尼分别成功进行了无线电通信试验，使以无线电为载体进行通信成为了现实。波波夫拍发了世界上的第一份无线电报。1895 年 5 月 7 日，波波夫设计了一种比较完整的无线电收发报系统。1896 年 3 月 24 日，波波夫及其助手在相隔 250 m 的建筑物之间传送了一份简短电报。1897 年，他在喀琅施塔得建立无线电台。同年夏，在相隔 5 km 的两艘军舰“非洲号”和“欧洲号”之间实现了通信。马可尼则成为第一个使无线电信号越过英吉利海峡且率先使无线电投入商业使用的人。关于马可尼和波波夫的故事，在第二章已经作过详细介绍。另外，从 1907 年到 1916 年，德弗雷斯特分别在美国纽约、法国巴黎、美国加利福尼亚等地试验广播。在第一次世界大战中，无线电通信技术得到广泛应用。第一次世界大战过后，许多国家开始了无线电广播的试验性应用，无线电广播也逐渐进入了实用阶段。

商业要实现，技术尝试需先行。费森登的广播系统要发展，将声音传播到更远之地，需要一个持续而稳定的无线电波源作为载波。将声音编码到载波上，通过无线电传播出去，当接收机收到时再根据波幅就可以解码出声音。如何制造一个频率高且稳定的载波，成为广播进一步发展的拦路虎。费森登当时提出了用超高速转动的交流发电机来制造载波，但是，这种方式依靠机械旋转，频率依然有限，始终无法超过 90 000 Hz，功率始终低于 50 000 W。而且这样的超高速转动的交流发电机系统，体积巨大、耗能极高，制造出来后，只有军方购买了几台。所以，即便有超高速交流发电机和镇流管的配合，费森登依然无法解决载波问题。

接下来的十几年时间里，电子元器件的发展和电路设计的突破，为这个问题带来了解决方案。

1906 年，美国发明家德弗雷斯特发明了真空三极管。李·德·弗雷斯特一生有 180 多项发明，他发明的真空三极管具有放大功能。真空三极管的产生，使得电子电路中多了一种能够放大信号的元器件，电路设计变得更加多样化。这也为广播的传播、声音的长距离传输奠定了基础。

另一位美国发明家埃德温·霍华德·阿姆斯特朗(Edwin Howard Armstrong)提出一种新的电路，有效解决了载波问题。阿姆斯特朗一生有 42 项发明专利，他发明了反馈电路，发现这种电路可以放大信号，在另一种状态下可以使信号发生振荡。1914 年，他发明了 LC 振荡电路(图 4-4)。振荡电路可以产生稳定的振荡波源，以此为载波，可以解决需要高频率载波的问题，为调频技术创造了条件。第一次世界大战爆发后，阿姆斯特朗在美国信号部队服役期间，又发明了超外差的无线接收技术，将无线收发技术又提升了一档，可以实现百万级的频率[3]。阿姆斯特朗的这些工作，为生产高性能的实用收音机提供了可能。

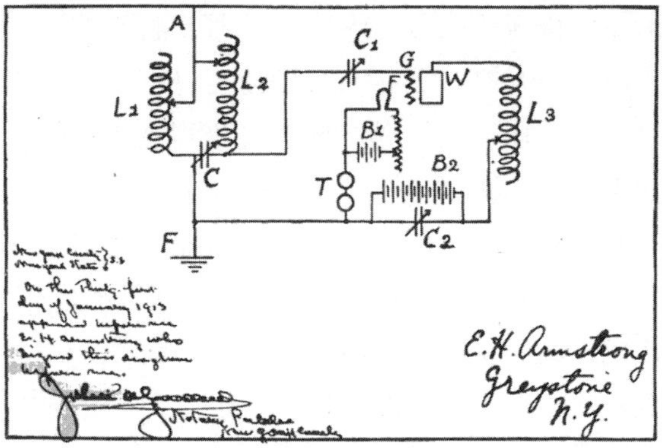

图 4-4　阿姆斯特朗的振荡电路手绘图

无线电广播，最初只是一些业余爱好者热衷的玩具和试验，而美国西屋电气公司出于商业化的目的，创办了全球第一家商业电台。西屋电气公司是一家伟大的电气公司，由乔治·威斯汀豪斯(George Westinghouse)创办，培养了很多优秀的发明家和工程师，马可尼、德弗雷斯特、费森登都曾为这家公司工作过，现在美国国家电子博物馆也是由这家公司支持创建。西屋电气公司的职员弗朗克·康拉德(Frank Conrad)对无线电十分感兴趣，最初因为兴趣建了一个试验电台，播放音乐、新闻、天气预报、市场行情等内容。没想到数以百计的无线电爱好者给他写信表示敬意，他根据来信的要求，在特定时间播放听众喜爱的音乐，这成为最早的“点播”。后来，点播信件实在太多，康拉德就在每周三和周六晚上固定播放两个小时的音乐节目。由此，西屋电气公司看到了收音机巨大的市场潜力，于是申请了 KDKA 广播电台的营业执照，并在 1920 年 11 月 2 日美国总统大选结果揭晓的日子，如期开播。这是全球第一家正式的商业广播电台。到了 1922 年，它还收购了许多独立电台，听众达到百万人以上。图 4-5 为 1921 年 KDKA 广播电台的播音室。

图 4-5　1921 年 KDKA 广播电台的播音室

商业永远是技术进步的巨大推动力，广播也因几位商业巨擘的加入而迅速且精彩地发展。在广播商业化的进程中，一位俄国犹太人显得尤为重要，他就是大卫·沙诺夫(David Sarnoff)。沙诺夫最初是马可尼公司的无线电收发员，对马可尼非常崇拜，梦想成为马可尼公司的发报员，也在自己的岗位上实现着梦想。每次马可尼从英国来到美国分公司，沙诺夫都主动为马可尼服务，获得了马可尼的认可。后来，沙诺夫当上了美国无线电公司的常务总经理。沙诺夫与普通的技术人员不同，他很有商业头脑，自从当上公司常务总经理后，就一直思考新的命题——广播在商业上如何发展。

沙诺夫认为，第一，广播的发展需要从技术转向内容，即当今传媒行业的内容生产理念，他认为内容比技术更能增加广播运营商的客户黏度；第二，当时电台如雨后春笋般涌现出来，独立的电台想要发展起来举步维艰，需要从零散电台发展为电台网络。所以，沙诺夫大力加强对电台的收购，构建传媒网络。应该说，沙诺夫当时的商业战略是前沿的且成功的。

谈到广播事业的商业成就，必须提及几家成功的公司。沙诺夫从马可尼美国分公司到美国无线电公司任职，实际是美国广播事业的发展变化的一个注脚。第一次世界大战结束后，美国开始不信任马可尼公司，认为老板是意大利人的马可尼公司与法西斯有联系。同时，无线电广播事业又处于大力发展的状态。1919 年，美国政府就想出奇招，提出让通用公司重新组建一家公司——美国无线电公司，把马可尼公司收购了，让美国电报电话公司和西屋电气公司的无线电技术部门进入美国无线电公司，两家公司在该领域的专利全部投入到美国无线电公司作为股份。

正如埃默里父子所言，这些从事通讯业务和制造电器产品的大公司，之所以对发展广播感兴趣，是因为广播的兴旺意味着其产品和服务具有无限广阔的前景。美国无线电公司在沙诺夫的治理下，发展越来越好。按照他的战略，公司由技术发展转向内容生产，构建起覆盖整个美国的传媒之网。此时，美国政府担心美国无线电公司垄断行业，又强行要求进行拆分。后来，美国无线电公司的传媒网络一分为二，被拆分为“红网”和“蓝网”。之后，“红网”独立发展为全国广播公司，“蓝网”独立发展为美国广播公司。美国三大广播公司的其中两家，就是这样由美国无线电公司孕育而来。

美国三大广播公司，分别是全国广播公司、美国广播公司和哥伦比亚广播公司。其中，哥伦比亚广播公司一直风头甚健，其规模和影响在美国广播电视领域始终首屈一指。哥伦比亚广播公司，原名哥伦比亚唱机广播系统，成立于 1927 年，最初总部在费城，只有 16 家附属台。由于经费不足，公司三天两头告急，经常陷入困境。而财大气粗的全国广播公司不但有许多深受听众喜爱的广播明星，还有大批广告客户。

在这种不利处境下，哥伦比亚广播公司能够生存发展并且后来居上，在很大程度上得益于美国广播史上的另一位传奇人物——威廉·塞缪尔·佩利(William Samuel Paley)。佩利的父亲在费城办有一家经营雪茄的公司，佩利大学毕业后当上该公司的副经理。有一回父亲外出让他掌管公司业务，他心血来潮花了50美元在当地电台做了一个广告。没料到，这个广告一经播出立即招来如潮的顾客，公司雪茄的销量翻了一番。50美元的电台广告居然产生这么大的效果，佩利从这个事实中看到了广播事业的巨大潜力。1928年，当他得知哥伦比亚唱机广播系统准备出售时，便说服父亲花了25万美元买下这家广播公司，时年27岁的佩利成了公司的总经理。从此，佩利的名字便与哥伦比亚广播公司连在一起。

有趣的是，这几家公司都是由发明家或者商人成立的。美国电报电话公司、通用电气公司、西屋电气公司、美国无线电公司等大型电气企业，成为美国广播事业的主要推动力量。美国电报电话公司的创始人是电话发明者贝尔，通用电气公司的创始人是发明家爱迪生，西屋电气公司的创始人是交流电的倡导者威斯汀豪斯。至于美国无线电公司，最初是由这三家公司于1919年联合组成，随后发展成为一家大电子企业。

4.3 收音机的产生与发展

广播的终端主要为收音机，收音机发展具有强烈的以电子元器件更新换代为脉络的特征。从历史上看，收音机由矿石收音机为开端，经历电子管收音机、晶体管收音机和集成电路收音机。

现在，我们习惯把那些不使用电源，电路里仅有一个半导体元件的收音机统称为矿石收音机(图4-6)。矿石收音机由天线、地线以及基本调谐回路和矿石构成，用矿石作检波器，由此而得名。它是不含放大电路的无源收音机，是最简单的无线电接收装置，主要用于中波公众无线电广播的接收。

1906年，美国无线电先驱格林里夫·惠特勒·皮卡尔德(Greenleaf Whittier Pickard)提出了用矿石来做检波器的专利，并于同年获得授权。直到1920年，矿石检波器都是无线电接收机的最核心部件。由于矿石收音机无须电源、结构简单，深受无线电爱好者的青睐，至今仍有不少爱好者喜欢自己制作和研究。但是，它只能供一人收听，而且接收性能也较差，客观上制约了无线电广播的普及和发展。

1923年1月23日，美国人在上海创办中国无线电公司，播送广播节目。同时，该公司出售收音机，以美国产品最多，其中一类是矿石收音机，另一类是电子管收音机。

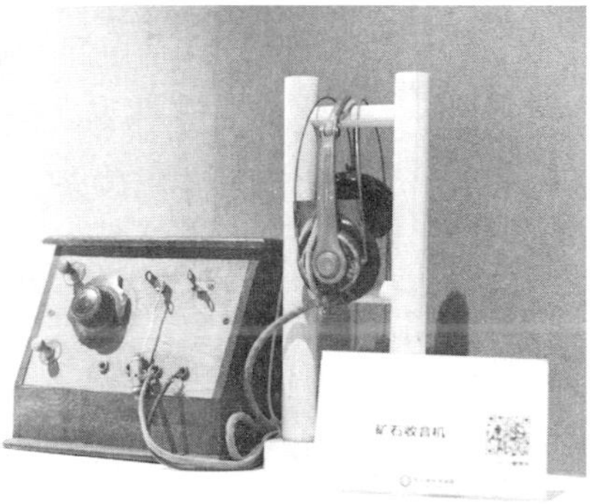

图 4-6　矿石收音机(电子科技博物馆馆藏)

1904 年，全球第一只电子管在英国物理学家约翰·安布罗斯·弗莱明(John Ambrose Fleming)的手下诞生，标志着世界从此进入了电子时代。电子管是一种在气密性封闭容器(一般为玻璃管)中产生电流传导，利用电场对真空中电子流的控制作用，获得信号放大或振荡的电子器件。电子管的发明，使收音机的电路发生了革命性变化，接收性能得到重大提升。

1930 年以前，几乎所有的电子管收音机都是采用两组直流电源供电，一组作灯丝电源，一组作阳极电源，而且耗电较大，用不了多长时间就需要更换电池，收音机的使用成本较高。在 1930 年前后，使用交流电源的收音机研制成功，电子管收音机才走进寻常百姓家。

在 20 世纪六七十年代的中国，电子管收音机普及很快。其中，比较典型的品牌有红波牌收音机，如图 4-7 所示。当时，一台电子管收音机里若安装有 5 只电子管，因电子管形似玻璃灯泡，该收音机就被称为“5 灯”收音机(图 4-8)，这种叫法非常形象。全世界第一款调频的收音机，就是珍妮诗落地式收音机，内部装有 12 只电子管，即“12 灯”，其中 3 只用于调频。但是，由于电子管体积大、功耗大、发热高、寿命短、电能利用效率低、结构脆弱，且需要高压电源等缺点，在随后的发展历程中，它已经基本被固体器件晶体管所取代。

图 4-7　上海 101 厂 20 世纪 60 年代生产的 1960s 红波牌 269 电子管收音机(电子科技博物馆馆藏)

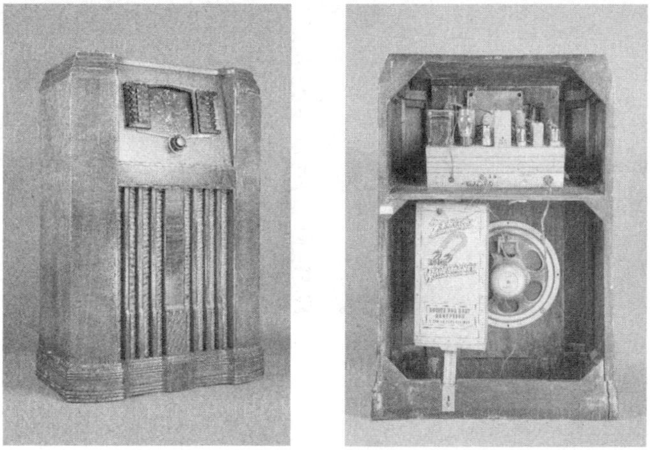

图 4-8　美国 20 世纪 30 年代生产的 1930s 珍妮诗牌落地式电子管收音机(电子科技博物馆馆藏)

晶体管是一种固体半导体器件，可用于检波、整流、放大、开关、稳压、信号调制等功能。金、银、铜、铁等金属因其导电性能好，被称为导体。木材、玻璃、陶瓷、云母等不易导电，被称为绝缘体。在常温下，导电性能介于导体和绝缘体之间的物质，即为半导体。晶体管就是用半导体材料制成，这类材料最常见的便是锗和硅两种。1947 年 12 月 23 日，美国贝尔实验室宣布第一只晶体管研发成功，这是 20 世纪的一项重大发明，是微电子革命的先声，从此人类步入了飞速发展的半导体时代。

晶体管收音机是一种小型的基于晶体管的无线电接收机。1954 年 10 月 18 日，全球第一台 Regency TR-1 型晶体管收音机(图 4-9)投入市场，其内部仅安装 4 只锗晶体管。Regency TR-1 型晶体管收音机售出了 15 万只。所以说，在晶体管出现以后，收音机才开始真正普及。

图 4-9　Regency TR-1 型晶体管收音机(德意志博物馆馆藏)

4.4 中国收音机的发展

中国在20世纪50年代末，也开始研制晶体管收音机，并在20世纪70年代进入生产高潮。当时，德国根德、日本索尼、荷兰菲利普，以及中国的红灯、牡丹、熊猫等著名收音机品牌，就是这段历史的见证。1958年，中国第一部国产半导体收音机研制成功，即上海宏音无线电器材厂组装成功的便携式中波段超外差收音机，其内部共安装7只晶体管。1959年，上海无线电器材厂利用国产元器件，成功研制生产出中国第一台全部采用国产元器件的晶体管收音机，即美多牌28A型便携式中短波晶体管收音机。该款机型于当年10月投产，并由此建立起国内第一条晶体管收音机生产线。

随着晶体管从军事、工业进入消费电子领域，晶体管收音机也以耗能低、无须交流电源、携带便捷的优势，赢得公众喜爱，逐渐在市场上占据主导地位，成为最普及和最具性价比的电子产品。晶体管被誉为20世纪最伟大的发明之一，是电子学取得突飞猛进的进步的象征。接下来，尤其是PN结型晶体管的出现，开辟了电子器件的新纪元，引起了一场电子技术的新革命。图4-10为电子科技博物馆收藏的德国根德牌晶体管收音机。

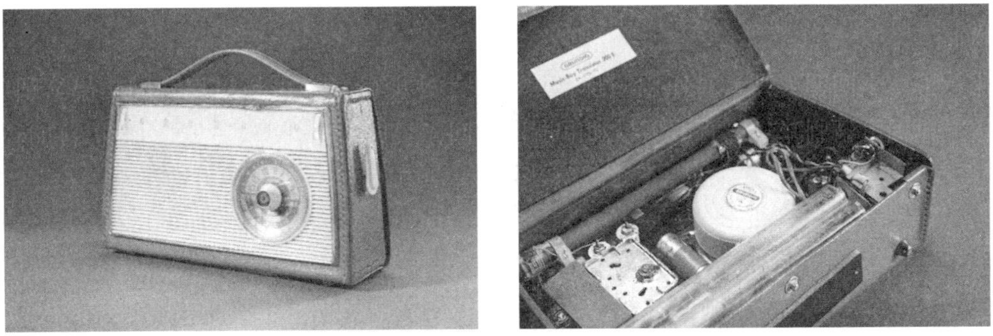

图4-10　德国根德牌晶体管收音机(电子科技博物馆藏)

1958年9月12日，德州仪器公司的基尔比宣布，研制出全球第一块集成电路。从此，集成电路逐渐开始取代晶体管，使微处理器的出现、电子设备的微型化成为可能，并奠定了现代微电子技术和信息技术的基础。

在一块几平方厘米的极其微小的半导体晶片上，将成千上万的晶体管、电阻、电容、连接线等一并放置进去，作为一个具有电路功能的器件来使用的电子元件，这便是集成电路。集成电路具有体积小、重量轻、引出线和焊接点少，寿命长、可靠性高、性能好等优势。同时，它成本低，便于大规模生产。从本质上讲，集成电路是更先进的晶体管，集成电路使电子元件向着微小型化、低功耗和高可靠性方面迈进了一大步。用集成电路来装配电子设备，其装配密度比晶体管提高了几十倍至几千倍，设备的稳定工作时间也可大大提高。中国在1982年研制出集成电路收音机。图4-11为电子科技博物馆收藏的20世纪80年代生产的夏普牌双卡带集成电路收录机。

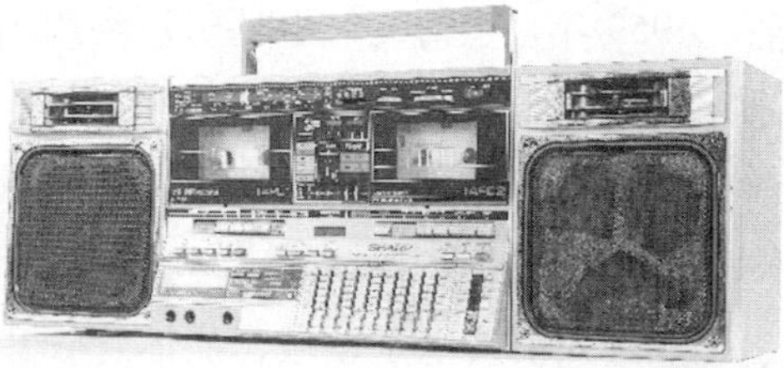

图4-11　20世纪80年代生产的夏普牌双卡带集成电路收录机(电子科技博物馆藏)

数字信号处理(DSP)技术收音机，是无线电模拟信号由天线感应接收后，在同一块芯片里放大，然后转化为数字信号，再对数字信号进行处理，最后还原成模拟音频信号输出的收音机。DSP技术的本质，是用软件无线电代替硬件无线电，它大大降低了收音机制造业的门槛。

2006年，美国芯科实验室首次研发出DSP技术收音机芯片。同年，全球规模最大的收音机制造商——深圳凯隆电子有限公司，与美国芯科实验室合作，开发出全球第一台DSP收音机——KK-D48L。2007年，深圳凯隆电子有限公司在深圳与上海组建DSP技术研发实验室。2009年，中国完全具有自主知识产权的中、低端性能DSP收音机芯片诞生。从此，DSP技术收音机进入普及时代。深圳凯隆电子有限公司也因此获得了国家级高新技术企业的荣誉。DSP技术收音机的问世，标志着传统模拟收音机逐渐退出历史舞台，数字收音机出现并逐渐普及。

广播发展由技术演进推动，在朝着数字音频、网络融合、同步调频和应急服务的方向发展。数字音频广播，因数字音频信号的高信噪比、失真小、动态范围大等优势立足，并可提供传送数据、图像等多种业务，是广播发展中一个新的里程碑。网络融合，则是将传统广播内容延伸到固定网络、移动网络等更多载体，促成融媒体的网络发展和内容生产，从而跨越传统广播受限于电磁波传输的束缚。同步调频是为节约频谱资源而发展起来的小调频广播，已成为广播发展的一个方向，是数字音频广播(DAB)、网络广播的有力补充，节约了频谱资源。在发生重大自然灾害、突发事件、公共卫生与社会安全等突发公共危机时，应急广播服务可提供一种迅速快捷的信息传输通道。

4.5 电视的产生与发展

电视是传输活动图像和声音的大众传播媒介，开拓了人类视听领域的广度和深度。电视的诞生，经历了一个比较缓慢且复杂的过程，与广播诞生的历程相似，也可大致分为两个阶段：前一阶段是试验阶段，电视只是科学家、发明家及电子爱好者的玩物；第二阶段是初创阶段，电视逐步走向社会，成为一种新兴的大众传播媒介。

回顾电报和电话的产生，莫尔斯在1844年拍发第一封基于莫尔斯码的电报后，一定量的信息可以做远距离传输。1876年，贝尔在大叫一声“沃森先生，我想见你”后，人类可以把情绪注入信息中进行远距离传输。那么，能否将蕴含更多情绪的信息通过某种手段进行远距离传输，再直接呈现出来呢？又会出现什么样的通信方式，或传媒方式？

为了满足这种通信需求，可以融入表情等图像的电视诞生了。

人类对于影像成像和传输，很早就有着憧憬。1895年，法国卢米埃兄弟（Auguste Lumière，Louis Lumière）发明电影放映机（cinematography），并拍摄了全球最早的电影——《火车到站》（*L'arrivée d'un train en gare de La Ciotat*，图4-12）。cinematography这一单词，来源于希腊语中的“移动中书写”（*writing in movement*）。

图4-12 1895年拍摄的电影《火车到站》截图，右侧为4K修复版截图

早在19世纪，人们就开始讨论和探索将图像转变成电子信号的方法。电视是在人类对电子技术，特别是电子成像和影像传输技术不断探索的基础上发明的。最初，电视技术通过使用机械的方法来扫描、传输和复制图像。

透过现象看本质，电视的本质是什么？

现在所看到的电视呈现的图像，需要保持在每秒24帧以上，每帧记录完整光线信息，多帧图像造成动态模糊或拖影，在人眼实际看到时，才能呈现连续流动的画面。简单来讲，如果拆解这个流动的图像，首先可以拆解成 24 幅静态的二维画面，每幅二维画面又是若干个像素有序排列而成，如图 4-13 所示。从一维来讲，每个像素就是一个数值，代表灰度或颜色程度。将以上步骤倒序进行，把一个个像素按照顺序输出，构建一套系统，有序地排列这些像素值，就可以得到二维的静态画面，24 帧以上的静态画面依次连续显现，则形成了电视的动态视频。

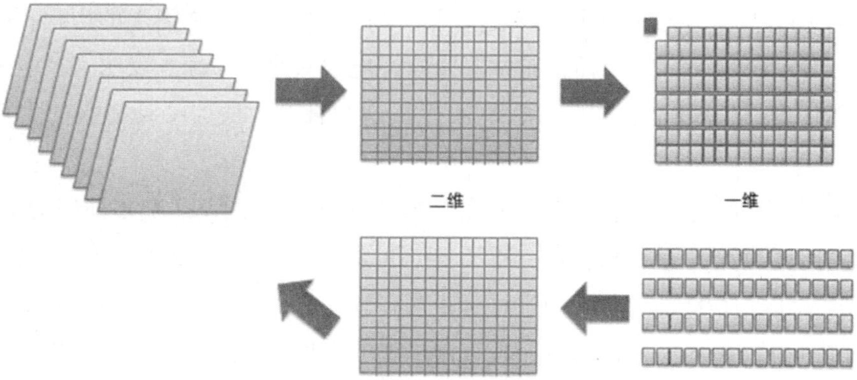

图 4-13　电视视频拆解图

4.5.1　机械尝试

这些画面是如何记录、如何呈现的？前人做了多种尝试。

这必须从带孔的圆盘说起。俄裔德国发明家保罗·戈特利布·尼普科夫(Paul Gottlieb Nipkow)，是第一位机械扫描电视的探索者。1884 年，他发明了尼普科夫圆盘(图 4-14)，这项技术直到 1934 年才被电子扫描所取代。简单来讲，它是一个圆形扫描盘上有许多小孔，通过一个机械装置使其快速转动。盘子的两边，一边是灯光照射下的影像，另外一边是可以产生光电现象的化学物质。当扫描盘转动时，盘子就把物体(即影像)，分解为一亮一灭的光点与暗点。这些光点与暗点，投射到光电物质上，就产生强弱不等的电流。也就是说，尼普科夫圆盘把物体的影像转换为相应的电信号，相当于编码。既然成为电信号，那么就可以通过无线电设备，进行远距离的传输了。接收方收到这些电信号以后，再经过由电到光的解码还原，就可以呈现原来的影像了。

这套圆盘实际具备三个特点：①动态图像被分解为多帧静态图，每帧静态图由单个像素有序排列而成；②关键是扫描，拆解和重构静态图都需要逐行的扫描处理；③多帧画面逐一显现，融合形成动态图像。

尼普科夫圆盘，由于使用转速有限的机械传动，因此扫描精度不高，不足以呈现清晰的影像。所以，随后被更为先进的电子扫描技术所取代。不过，这套机械扫描系统，仍然是电视时代的第一缕曙光。后来一切的电视探索，都源于尼普科夫圆盘，并遵从圆形扫描盘的三个显著特点发展。尼普科夫被公认为“电视的先驱”。

图 4-14 20 世纪 30 年代生产的尼普科夫圆盘(瑞典国家科学技术馆藏)

尼普科夫圆盘问世近半个世纪后，使用机械扫描装置转播图像，才在英国获得成功。使这个梦想得到实现的是苏格兰工程师约翰·洛吉·贝尔德(John Jogie Baird)。1924 年，贝尔德利用硒感光管，用机械扫描电视播放了物体的轮廓。1925 年，他播送了可辨认的脸部图像。1926 年，他在伦敦皇家学会演示了电视播送运动物体。特别是 1926 年的这次演示，造成了一定的社会轰动。1926 年 1 月 26 日上午 9 点，来看稀罕之物的客人到得差不多时，身材瘦小的贝尔德开始演示自己的发明。当他把仪器接通电源后，小小的屏幕上立即显出一位店员的活动图像。尽管图像有些模糊，但人们第一次在电视屏幕上见到自己的身影。图 4-15 为贝尔德 1925 年第一次公开演示电视系统。图 4-16 为《时代》杂志报道的第一个动态图像。

图 4-15 贝尔德 1925 年第一次公开演示电视系统

图 4-16 《时代》杂志报道的第一个动态图像(1926 年 1 月 28 日)

贝尔德生于苏格兰，从小体弱多病，终生屡遭病痛折磨。不过，他始终热爱自己的发明事业。1926 年，贝尔德在展示其发明后，便全力以赴地投入电视的研制与改进。1929 年，英国广播公司与贝尔德签订协议，采用他的发明进行电视节目的试验性播出，这成为最早的电视转播。1936 年，英国广播公司又创建了全球第一座电视台，定时播送电视节目，电视转播的传媒方式正式诞生。

不过，机械扫描的电视完美吗？并不是，使用这种方式的扫描速度有限，会带来分辨率低的问题。

贝尔德发明的机械扫描电视在技术上比较简陋，每个画面的扫描线只有 240 条，图像比较模糊。后来常见的电视，一般扫描线都为 500 ~ 600 条，比贝尔德的机械电视翻了一倍多，而且每秒钟的扫描画面多达 25 ~ 30 个。这样高的扫描速度，是机械扫描电视望尘莫及的，只有电子扫描技术才能达到。机械扫描的源头在欧洲，电子扫描的摇篮在美国。所以，就在贝尔德根据机械扫描原理从事电视研制的同时，美国科学家则在进行电子扫描的探索，新篇章正翻开一个页角。

4.5.2 电子实现

19 世纪末，德国电气工程师卡尔·费迪南德·布劳恩(Karl Ferdinand Braun)发明了阴极射线管，也被称为“布劳恩管”，如图 4-17 所示。他也因此和马可尼共同获得 1909 年的诺贝尔物理学奖。在阴极射线管发明后，有人对其中的电子束进行控制研究，主要有以下四个方面的发现：

①阴极射线打在荧光屏底部，可以发光；

②每一点的亮度都取决于电流强度；

③电子束几乎无质量，传输速度非常快；

④可用电磁场控制电子束的偏转。

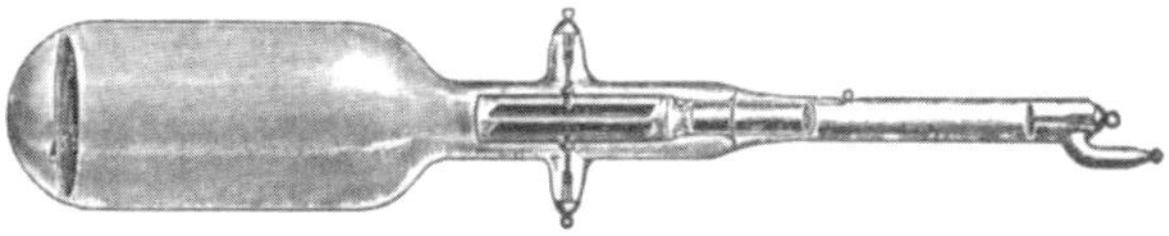

图 4-17 布劳恩管

那么，如果对电子束进行一定的控制，通过磁场和电场改变电子束的强度和方向，就可以改变它在荧光屏上的发光位置和发光强度。

这能否实现类似电视的机械扫描模式中的二维移动和第三维赋值（发光强度）的扫描呢？

答案是肯定的，20 世纪二三十年代，美国一些科学家、发明家致力于电子电视的探索和实验。

值得一提的有美国发明家费罗·泰勒·法恩斯沃斯（Philo Taylor Farnsworth），他一生有 300 多项专利。1931 年，他发明了每秒钟可以显现 25 幅图像的电子管电视装置。1934 年 8 月 25 日，法恩斯沃斯在宾夕法尼亚州费城的富兰克林学会上，首次向世人演示了全电子电视系统。他把电子扫描摄像机和电子扫描电视接收机整合在一起，制造出了第一套能直播黑白图像的完整电视系统，构建了电子扫描电视系统的“拍摄—播放”闭环。

俄裔美国发明家弗拉基米尔·兹沃尔金（Vladimir Zworykin）从商业角度促进了电视的发展和普及。他生于俄国，而立之年移居美国，第二年进入西屋电气公司研究交流电。1923 年，兹沃尔金发明光电摄像管，又在 1924 年发明了光电显像管。他的两项发明，帮助电视系统形成全电子化的雏形。后来，随着美国新建美国无线电公司，他进入该公司开展电视技术的研究。严格来说，法恩斯沃斯最早实现了电子的电视系统，但美国无线电公司出于沙诺夫打造传媒帝国的重要策略，公司全力支持兹沃尔金与法恩斯沃斯进行专利战，持续了很多年。最后，法恩斯沃斯自己妥协，所有专利以很低价格被美国无线电公司收购。收购成功后，美国无线电公司对法尔斯沃斯进行人身攻击的同时，一直宣传兹沃尔金才是电视系统的发明家，后来在很大程度上影响了公众对此的认识。

当然，兹沃尔金也很出色。他带领团队在 1953 年为美国制定了国家电视转播标准。该标准一直沿用至今。整个北美地区和南美部分国家现在都在使用该标准。

兹沃尔金当初研制的系统，在 1939 年第一次被应用到纽约世博会中，通过全国广播电视公司转播罗斯福总统的演讲。但因为第二次世界大战的爆发，这套电视系统并未推向市场。

第二次世界大战过后，美国无线电公司才全力宣传推广这套电视系统。1946

年，美国无线电正式推出成功研发的电视机，当时售价375美元，相当于现在的3 340美元，卖出17万台，可见销售业绩之好。到1950年就卖出了700万台。美国无线电公司于1954年推出第一款彩色电视机CT-100(图4-18)。但是，沙诺夫的战略政策贯彻得不是很好，节目生产也跟不上，销量从20世纪60年代中期开始走下坡路。

图4-18　美国无线电公司生产的CT-100彩色电视机

所谓电视制式，就是电视台和电视机共同实行的一种处理视频和音频信号的技术标准。不同的系统只有使用同种技术标准，才能够实现电视机信号的正常发射、接收。

电视节目的视频信号是一种模拟信号，由视频模拟数据和视频同步数据构成，用于接收端正确地显现图像。信号的细节取决于应用的视频标准或者"制式"，除了兹沃尔金制定的美国国家电视转播标准制式NTSC外，全球还有另外两大电视转播标准，即PAL制式和SECAM制式。

NTSC制式，是美国国家电视系统委员会1953年发布的标准，也是最早的彩电制式。美国、加拿大等大部分西方国家，以及日本、韩国、菲律宾等国家采用这种制式。它采用正交平衡调幅的技术方式，故也称为"正交平衡调幅制"。其优点是解码线路简单、成本低。

PAL制式，是德国1967年制定的彩色电视广播标准。德国、英国等一些西欧国家，新加坡、中国、澳大利亚、新西兰等国家采用这种制式。它采用逐行倒相正交平衡调幅的技术方法，克服了NTSC制相位敏感造成色彩失真的缺点。其优点是对相位偏差不敏感，并在传输中受多径接收而出现彩色重影的影响较小，是目前最成功的一种彩电制式，但电视机电路和广播设备比较复杂。

SECAM制式，是顺序传送彩色信号与存储恢复彩色信号制式，是由法国在1956年提出、1966年制订的一种彩电制式。使用SECAM制的国家主要集中在东欧和中东一带。它克服了NTSC制式相位失真的缺点，采用时间分隔法来传送两个色差信号。其优点是在三种制式中受传输中多径接收的影响最小，色彩最好。

三大制式各有优劣，所以被公众分别冠以有趣的外号：NTSC 被戏称为“永远没有一样的颜色”（never the same color），PAL 制式的外号是“图像总是模糊”（picture always lousy），SECAM 制式被称为“与美国方法相反的东西”（something exceedingly contrary to the american method）。可以想象，在 20 世纪电视技术系统化发展的初期，技术普遍存在较大缺点和局限，公众也对此抱有更大的期待。

回溯中国电视转播标准的发展，在彩电制式的确立过程中还有一段历史值得铭记，就是“彩电攻关”。

在 20 世纪 70 年代的中国，黑白电视还属稀奇物件，彩色电视更是遥不可及。1970 年，在北京召开第一次全国电视专业会议，确定“要集中主要力量发展彩色电视，并适当发展黑白电视”。会议决定，会后在北京、天津、上海、四川四地以“大会战”的方式，在全国范围内开展彩色电视技术攻关协作，一是研究、制定我国的彩色电视制式，二是开发、研制我国的彩色电视设备，包括电视发射机、接收机等。

四川彩色电视技术攻关会战基地选定在成都电讯工程学院，成都无线电一厂、重庆无线电三厂共同参与。早在 1958 年成电已设立了电视专业，并与中国电子学会成都分会联合建立了实验性电视中心，同时拥有以顾德仁为代表的中国第一批从事电视技术研究的专家和行业领军人物，因此自然成为彩色电视技术攻关主力军之一。1970 年 5 月 19 日，来自广东、广西、湖北、河南、陕西、甘肃、宁夏、云南、贵州、四川等 10 个省区的 210 人来到成都，参加彩色电视技术攻关会战。简短的欢迎仪式举行后，攻关会战正式启动。

虽然，四川的彩电攻关会战启动较晚、基础较差，但研发人员信心满满。为了在 1970 年 7 月 1 日实现“确保出彩条，力争出图像”的目标，研发人员日夜奋战。彩色电视技术攻关连下的测试信号组、摄像机组、接收机组和发射机组相互配合、日以继夜。成都市配合彩色电视加工的工厂、学校及其他科研单位，都为彩色电视的攻关战开了“绿灯”。1970 年 6 月 29 日，四川彩色电视技术攻关连提前完成了“确保出彩条”的任务，“力争出图像”的目标也基本实现。全国电视领导小组负责人周世忠等观看了彩条后说，成都“虽然开始的时间晚一些，基础差一些，但进展很快”。

1970 年 8 月 11 日至 16 日，全国彩色电视四川会战区攻关办公室在成都召开会议，提出要“继续猛攻彩色电视制式关，以制式攻关为主”，同时，“要加快关键器件的研制进度”。成电攻关连队对各种制式展开了攻关。1970 年 8 月，对 625 行制式进行了开路实验，随后，成立了 1 035 行顺序制式攻关小组，重点攻克 1 035 行顺序制式。各攻关小组虽然条件有限，但仍积极创造条件开展试验。比如，在摄像机、发射机和接收机还没有完全准备就绪的情况下，利用彩色电视和黑白电视的共性，在旧有黑白电视设备的发送端和接收端加上简单特制的开关，并用一长柄扫把，架起一根普通导线，作为发射天线，就靠着这种简易的"扫把天线"，试验出了较为稳定的彩色图像。成电对彩色电视攻关投入很大，组织了七连、三连、后勤部队、电视连队等几百人参与，学校领导羊君度也常到现场为研发人员鼓劲。在各方积极配合下，经过四川彩色电视技术攻关小组大半年的努力，1970 年底国产化的彩色电视成套设备终于诞生，并参加了在北京召开的彩色电视技术攻关经验交流会，得到了参会单位的肯定。

在攻关经验交流会后，经国务院批准，决定在北京、上海、天津、四川建立四个彩色电视试播台。1971 年 5 月，在成都召开了第二次彩色电视会议，确定要落实试播台的基本建设任务和彩色电视设备的研制工作。作为彩色电视攻关的主力军之一，成电调整和充实了电视连的力量，其他承担攻关任务的工厂、学校、研究所也积极行动。到 1971 年底，彩色电视技术攻关小组研制出了采用 1035 行顺序制的主要设备，进行了开路实验，开始了试播台的筹建。

彩色电视攻关小组一方面加快试播设备的研制和改进，另一方面对彩色电视制式进行选择和研究。在攻关之初，国家提出要靠自己的力量，研究出自主的制式。参与会战的四大战区都在制式的研究上下了很大功夫，研制出了 40 多种制式方案，并参与了交流会。但受制于当时的历史条件，这些制式在实质上都没有突破当时世界上三种主流制式（NTSC 制、PAL 制、SECAM 制）的固有缺陷。1972 年 10 月，顾德仁代表成电参加中国彩色电视制式赴欧洲考察团，详细考察、比较了 PAL 制和 SECAM 制两种彩色电视制式，并提出了自己的独到见解。在随后的全国彩色电视制式研讨会上，有学者直接宣布采用"换相制"作为中国的国家制式，顾德仁据理力争，以严谨的科学分析和周密的数学推导证明了"换相制"不过是 PAL 制的简单转向。最终，选定了 PAL 制式作为国家规定的暂行制式，并一直沿用至今。

为了加快试播台的建设，1972 年 12 月 8 日，四川彩色电视试播台安装调试领导小组成立，顾德仁教授担任了领导小组的顾问。领导小组决定四川省彩色电视技术于 1973 年 5 月 1 日在成电进行开路试验，10 月 1 日在成都电视台试播。为了赶制试播台建设所需的彩色电视设备，彩色电视技术攻关小组的研发人员日夜奋战，自行设计、自行加工、自行安装、自行调试，苦干巧干，攻克了一道道技术难关，解决了一个个技术问题，不断调试改进彩色电视设备质量，终于在 1973 年 5 月 1 日顺利进行了开路实验。10 月 1 日，如期在成都电视台进行了彩色电视试播，播出反响良好，公众终于观看到了中国人自己的彩色电视图像。

彩色电视技术攻关从1970年5月到1973年10月，历经近3年的时间，成电共完成了彩色电视中心立柜、35 mm电视电影设备、导演控制台、音响控制台、彩色电接收机等设备的设计、研制和调试工作；并以这些设备为支撑，筹建了成都第一座彩色电视试播台，使四川的彩色电视和全国一样，实现了从无到有的飞跃。参与彩色电视技术攻关还有力地促进了成电电视专业的3个实验室的建设和发展，也为行业培养、锻炼了一大批的科研人才。图4-19为成电获得的彩电技术攻关奖的奖状。

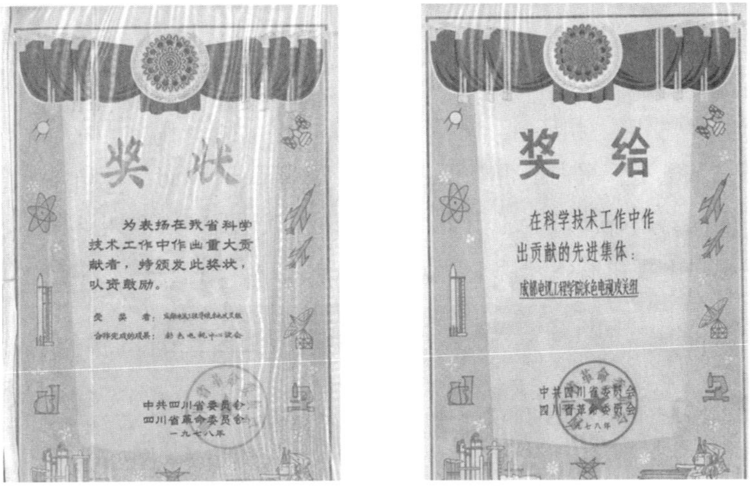

图4-19　成电获得的彩电技术攻关奖的奖状

4.6　中国电视的发展

1958年，国营天津无线电厂(712厂)成功试制中国第一台电子管黑白电视机，即北京牌14英寸(1英寸为2.54 cm)黑白电视，被称为“华夏第一屏”。后来，国营天津无线电厂还在20世纪60年代研制生产了北京牌825-2型电视接收机，如图4-20所示。同一时期较为知名的电视机产品，还有上海无线电厂生产的上海牌104-5型电视接收机，如图4-21所示。

图4-20　北京牌825-2电视接收机(电子科技博物馆藏)

图 4-21　上海牌 104-5 电视接收机(电子科技博物馆藏)

在随后的 20 年中，晶体管、集成电路的元器件迅速在电子工业，包括电视工业领域普及开来。电子管黑白电视机在 20 世纪 70 年代逐步淘汰，晶体管黑白电视机逐渐普及，而国营研究所和企业开始着力攻关集成电路式黑白电视机。这一时期，比较典型的黑白电视机有飞跃牌 14 寸电视机(4-22)，由上海无线电十八厂生产。

图 4-22　20 世纪 80 年代生产的飞跃牌 14 寸电视机(电子科技博物馆藏)

1971 年 9 月，同样在国营天津无线电厂，中国第一台彩色电视机被研制生产出来，该机型采用 PAL 制式。由于当时关键元器件研制问题无法解决，彩色电视机的发展较为缓慢。

1972 年，国务院批准引进一条彩色电视机生产线。由于全世界第一只玻璃显像管是由美国康宁公司研制生产的，且美国无线电公司的电视机显像管也由康宁公司供货，第四机械部代表团便赴美国考察。当时，美国无线电公司对这条生产线引进的报价是 0.73 亿美元。但由于一些原因未按原计划从美国引进彩电生产线。1979 年，最终以 1.6 亿美元的价格从日本引进彩电生产线。

从 1981 年至 1982 年，首批引进的彩电生产线装配好投产后，彩色电视机生产技术和产量有了极大提高。对技术的学习、消化、吸收等工作，也在相关单位中深入展开。长虹、熊猫、康佳、TCL 等国产品牌，随后逐渐发展壮大起来，助力中国超过日本，在 1987 年成为全世界最大的电视机生产国，年产 1 934 万台。在 1985 年至 1993 年，彩色电视替代黑白电视，进入中国的千家万户。当时，一家一户能有一台彩色电视便非常富足，整个村子或厂区的人都会蜂拥而至，抢占一个好位置，共同观看黄金时段的电视节目。

长虹厂是四川最知名彩色电视厂，也曾经是国产电视行业领头羊。该厂建于 1958 年，是“一五”期间苏联援建中国的“156 项工程”之一，原名四川无线电厂，建厂时主要生产机载火控雷达。1974 年，长虹厂研制出长虹牌 401 型 47 cm 彩色电视。1980 年，长虹厂引进了日本松下电器的一条彩色电视机流水装配生产线，并引进了 37 cm 彩色电视的散件，进行装配生产。1983 年，长虹厂成功研制出长虹牌 CJ37A 型彩色电视机，采用 PAL-D 制式，它的彩色显像管等部分关键器件为国产。

1989 年，伴随着快速向好发展的国民经济，叠加上国家 600 元特别消费税政策，老百姓家庭抢购彩电。时任长虹总裁的倪润峰，采取每台让利 350 元的销售策略，吸引了大批客户蜂拥而至。长虹在第二年成为全国彩电销量冠军。1992 年，长虹销量达到 100 万台，成为国产电视行业的领头羊，并于 1994 年成功上市。之后，国外电视机品牌盯上中国市场，准备强行进入。倪润峰在接下来的几年，采取薄利多销等策略，守住了中国电视机市场。1997 年，长虹达到顶峰，市场占有率为 35%。1998 年，长虹瞄准了海外市场，并采取囤积货品的策略，却以失败告终。随着电视机技术的发展，在各大电视机厂商选择开发 LCD 液晶显示屏时，长虹选择了等离子显示屏。结果液晶屏以低廉的价格和迅速发展的大趋势，使得长虹再次失败。

总的来讲，中国的电视行业从无到有，从模仿、引进到学习、自主研发，是一条充满荆棘但又成就颇丰的道路。在此过程中，无论是试制和研究，还是生产和运营，都告诉人们必须注意市场需求和技术产品更替的规律。

思考

1. 由于科技的发展，新媒体不断出现，广播媒介面临着越来越多的挑战和冲击，你认为广播会不会从人们的生活中消失？为什么？

2. 如何看待互联网对中国彩电业发展的影响？

本章参考文献

[1] FESSENDEN M H. Builder of tomorrows[M]. New York: Arno Press, 1974.

[2] ARMSTRONG E H. Wireless receiving system: US1113149[P]. 1914-10-06.

[3] FROST G L. Early FM radio incremental technology in twentieth-century America[M]. Baltimore: Johns Hopkins University Press, 2010.

[4] PICKARD G W. Means for receiving intelligence communicated by electric waves: US836531A[P]. 1906-11-20.

[5] INGLIS B D, COUPLES G D. John Logie Baird and the secret in the box the undiscovered story behind the world's first public demonstration of television [scanning our past][J]. Proceedings of the IEEE, 2020, 108(8): 1371-1382.

第五章 电子测量仪器史

什么是测量？测量是用数据来描述观察到的现象，即对事物作出量化描述，是对非量化实物的量化过程。

钱学森曾指出，信息技术包括信息获取技术（测量技术）、信息传输技术（通信技术）和信息处理技术（计算机技术）。他认为测量技术是首要的，是信息的源头。广义的测量，是指为了获取被测对象的信息而进行的实践过程。在此过程中，人们利用专门设备去感知和识别信息，通过感知系统，与产生信息的源事物产生相互作用，再把源事物信息转化为某种物理量信号，再识别出有用信息并分离出来。

本书所涉及的电子测量，特指对电子技术中各种电参量所进行的测量。电子测量的发展，主要受电子科技整体发展牵引，又直接服务于电子科技各分支的发展。电子科技里的基本电子电路的通断，完整通信、雷达、广播电视、计算机等系统的运行，都需要通过电子测量仪器的检测、分析和追踪才得以完成。电子测量仪器更像是电子科技领域的“尺度”，来鉴别指标的高低、质量的优劣，并为进一步优化和发展提供一条可行路径。它是电子科技能够自主发展、迭代更替的保障。

5.1 电子测量概述

电子测量的定义有广义和狭义的两种。广义的电子测量，是指利用电子技术进行的测量，泛指以电子科学技术为手段，即以电子科学技术理论为依据，以电子测量仪器和系统为工具，对信号和系统进行的测量。狭义的电子测量，是指利用电子技术对电子学中有关的电量和非电量进行的测量。

有人说设备要发展，测量需先行。因此，电子测量仪器对科学的研究起着至关重要的作用。

王大珩是中国科学院院士、中国工程院院士，中国现代光学技术及光学工程的开拓者和奠基人之一。1999 年，王大珩荣获“两弹一星功勋奖章”，成为我国科学仪器和现代测量技术开拓者与组织者。他曾说：“计量测试和仪器仪表技术就是信息技术的组成部分，而且是不可或缺的重要组成部分，作为对信息进行采集、测量、处理和控制的重要基础手段和设备，广泛应用于国民经济各行各业。”

电子测量仪器产业占国内生产总值的 4%，国内生产总值的拉动力达 66%，国民经济的关联度达 90% 以上。电子测量仪器行业，是一个国家综合技术水平的体现、国防实力的重要标志，是国民经济持续、稳定发展的重要保证。电子测量仪器属于高新技术领域，是现代工业产品中新技术应用最多、最快的产品门类之一。目前，中国电子测量仪器与发达国家还有一定差距。

5.2 电子测量仪器的分类

电子测量的基本对象和基本工具都是电信号和电系统。

对信号的测量包括对信号幅度(电压、电流、功率、电场强度)、信号频率(周期、相位、时频)、信号波形(时域测量)、信号频谱(频域测量)、信号特征(调幅、调频、失真等参数)等的测量。

信号与系统紧密相连。信号的产生、变换、传输、处理、存储和再现都需要一定的物理装置，这种装置通常被称为系统。对系统的测量包括对元件阻抗参数(R、L、C、D、Q 等)、半导体器件及集成电路参数、电路网络参数(增益、灵敏度、频率特性、通频带、微波 S 参数)的测量。

被测对象分为有源量和无源量两大类，信号参量是有源的，系统参量是无源的。对于无源的被测对象，测量时需要在一定信号激励下才能进行，这些激励信号被称为测试信号。

与其他领域的测量相比，电子测量具有以下明显特征。

①测量频率范围极宽。可达 $10^{-4} \sim 10^{5}$ Hz，甚至 100 GHz 或更高。

②测量量程极广。由于所测电量的大小相差极大，要求测量仪器的量程也极宽。同一台电子仪器经常能做到量程宽达多个数量级。

③测量准确度高。电子仪器的准确度通常比其他测量仪器高得多，特别是对频率和时间的测量。由于采用了原子频标作为频率基准，误差减小到 $10^{-14} \sim 10^{-13}$ 量级。这是目前人类在测量准确度方面达到的最高标准。

④测量速度快。由于电子测量是通过电子运动和电磁波的传播来进行工作的，因此具有其他测量方法无法比拟的高速度。

⑤易于遥测和长期不间断地测量，显示方式又可以做到清晰直观。可以把电子仪器或与它连接的传感器放到人类不易长期停留或无法到达的区域去进行遥测。

⑥易于利用计算机，形成电子测量与计算机技术的紧密结合。电子测量结果和它所需的控制信号都是电信号，这非常有利于它直接或通过 AD 变换变成数字信号与计算机连接。

电子测量仪器是研究人员和维修技术人员的基本工具，是电子工程技术人员的基本技能。它包括测量信号特性参量的有源量仪器，如测量电流、电压和波形的电流表、电压表、功率计、示波器、频谱仪、逻辑分析仪等。

5.2.1 电流表

德国物理学家乔治·西蒙·欧姆(Georg Simon Ohm)，以 1821 年施魏格尔(Schweigger)和波根多夫(Poggendorff)发明的一种原始电流计为基础，巧妙地利用电流的磁效应设计了一个电流扭秤。他用一根扭丝挂一个磁针，让通电的导线与这个磁针平行放置，当导线中有电流通过时，磁针就偏转一定角度，由此可以判断导线中电流的强弱。他把自己制作的电流计连在电路中，并创造性地在放磁针的度盘上画上刻度，以便记录实验的数据。这便是最早的电流表。

电流表是最基础的电子测量仪器，用于测量交流、直流电路中的电流强度。在电路图中，电流表的符号为圈 A，电流值以“安”或“A”为标准单位。电流表是根据通电导体在磁场中受磁场力的作用而制成的。电流表内部有永磁体，在极间产生磁场，在磁场中有一个线圈，线圈两端各有一个游丝弹簧，弹簧各连接电流表的一个接线柱，在弹簧与线圈间由一个转轴连接，在转轴相对于电流表的前端，有一个指针。当有电流通过时，电流沿弹簧、转轴通过磁场，电流切磁感线，所以受磁场力的作用，使线圈发生偏转，带动转轴、指针偏转。由于磁场力的大小随电流增大而增大，所以就可以通过指针的偏转程度来判断电流的大小，这就是磁电式电流表(图 5-1)。

图 5-1　1970 年产的交流电压表(左)和 1965 年产的直流电流表(右)(电子科技博物馆藏)

5.2.2 万用表

电流表只能用来测电流，但是我们需要测量的电参量还有电压、电阻等，对电子测量仪器有了更多的要求，就出现了万用表。

德国物理学家威廉·爱德华·韦伯(Wilhelm Eduard Webeer)在电磁学上的贡献是多方面的。为了进行研究，他发明了多种电磁仪器。1841 年，他发明了既可测量地磁强度，又可测量电流强度的双线电流表；1846 年，他发明了既可用来确定电流强度的电动力学单位，又可用来测量交流电功率的电功率表；1853 年，他发明了测量地磁强度垂直分量的地磁感应器。

韦伯在建立电学单位的绝对测量方面也卓有成效。他提出了电流强度、电量和电动势的绝对单位和测量方法；根据安培的电动力学公式，提出了电流强度的电动力学单位；还提出了电阻的绝对单位。韦伯与弗里德里希·柯尔劳施(Friedrich Kohlrausch)合作测定了电量的电磁单位对静电单位的比值，发现这个比值等于 3×10^{8} m/s，接近光速。

万用表是电子测量领域最基本的工具，又称“多用表”“三用表”“复用表”“万能表”，能测量电流、电压、电阻等。万用表分为模拟万用表和数字万用表，是一种多功能、多量程的测量仪器。一般万用表可测量直流电流、直流电压、交流电压、电阻和音频电平等，有的还可以测交流电流、电容量、电感量、温度及半导体(二极管、三极管)的一些参数。数字万用表凭借灵敏度高、精确度高、显示清晰、过载能力强、便于携带、使用方便等优势，已经取代了模拟万用表。

万用表的基本原理，是利用一只灵敏的磁电式直流电流表(微安表)作为表头，当微小电流通过表头时，就会有电流指示。但表头不能通过大电流，所以必须在表头上并联与串联一些电阻进行分流或降压，从而测出电路中的电流、电压和电阻。

万用表测直流电流的原理：在表头上并联一个适当的电阻(叫分流电阻)进行分流，就可以扩展电流量程。改变分流电阻的阻值，就能改变电流测量范围。

万用表测直流电压的原理：在表头上串联一个适当的电阻(叫倍增电阻)进行降压，就可以扩展电压量程。改变倍增电阻的阻值，就能改变电压的测量范围。

万用表测交流电压的原理：因为表头是直流表，所以测量交流时需加装一个并、串式半波整流电路，将交流进行整流变成直流后再通过表头，这样就可以根据直流电的大小来测量交流电压了。扩展交流电压量程的方法与直流电压量程相似。

万用表测电阻的原理：在表头上并联和串联适当的电阻，同时串联一节电池，使电流通过被测电阻，根据电流的大小，就可测量出电阻值。改变分流电阻的阻值，就能改变电阻的量程。

5.2.3 函数发生器(信号发生器)

随着电信号越来越多样化，科技发展对电子测量仪器也提出了更多的要求，电子测量仪器的功能也更加多样化。

函数发生器是比较常用的信号发生器。信号发生器能提供各种频率、波形和输出电平电信号。在测量各种电子系统或电子设备的振幅特性、频率特性、传输特性和其他电参数，以及测量元器件的特性与参数时，它可用作测试的信号源或激励源。凡是产生测试信号的仪器，统称为信号源，也称为“信号发生器”，它用于产生被测电路所需特定参数的电测试信号。信号源可以根据输出波形的不同，被划分为正弦波信号发生器、矩形脉冲信号发生器、函数信号发生器和随机信号发生器四类，频率范围可从几毫赫兹甚至几微赫兹到几十兆赫兹。正弦信号是使用最广泛的测试信号，这是因为产生正弦信号的方法比较简单，而且用正弦信号测量比较方便。除供通信、仪表和自动控制系统测试用外，函数发生器还被广泛用于其他非电测量领域。图 5-2 为安捷伦牌函数发生器。

图 5-2 安捷伦牌函数发生器(电子科技博物馆藏)

5.2.4 示波器

信号发生器产生了信号，科研和生活中也会产生各种信号，就有了检测信号的需求，示波器就诞生了。

示波器用途十分广泛，它能把肉眼看不见的电信号变换成看得见的图像，便于人们研究各种电现象的变化过程。示波器利用狭窄的、由高速电子组成的电子束，打在涂有荧光物质的屏面上，就可产生细小的光点，这是传统的模拟示波器的工作原理。在被测信号的作用下，电子束就好像一支笔的笔尖，可以在屏上描绘出被测信号瞬时值的变化曲线。利用示波器能观察各种不同信号幅度随时间变化的波形曲线，还可以用它测试各种不同的数值，如电压、电流、频率、相位差、调幅度等。示波器可以分成模拟示波器和数字示波器两种。图 5-3 为泰克牌示波器。

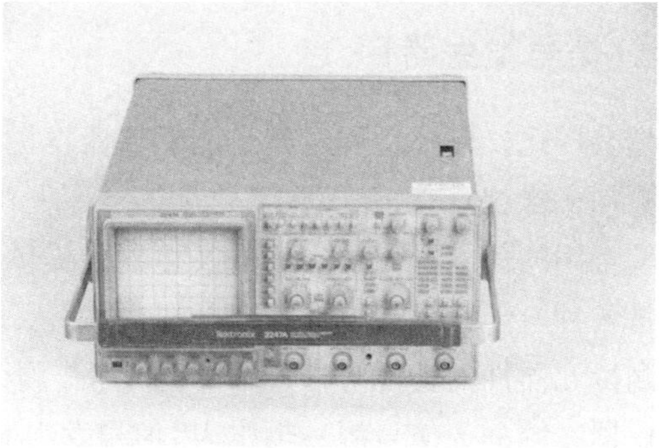

图 5-3　泰克牌示波器(电子科技博物馆藏)

模拟示波器采用模拟电路电子枪，向屏幕发射电子，发射的电子经聚焦形成电子束，并打到屏幕上。屏幕的内表面涂有荧光物质，这样电子束打中的点就会发出光来。

数字示波器则是数据采集、A/D 转换、软件编程等一系列的技术，集成制造出来的高性能示波器。数字示波器的工作方式，是通过模拟数字转换器把被测电压转换为数字信息。数字示波器捕获的是波形的一系列样值，并对样值进行存储，存储限度是判断累计的样值是否能描绘出波形为止。随后，数字示波器重构波形。数字示波器可以分为数字存储示波器，数字荧光示波器和采样示波器。图 5-4 即典型的数字存储示波器。优利德 UTD-2000 数字存储示波器是中国第一款出口的电子测量仪器。

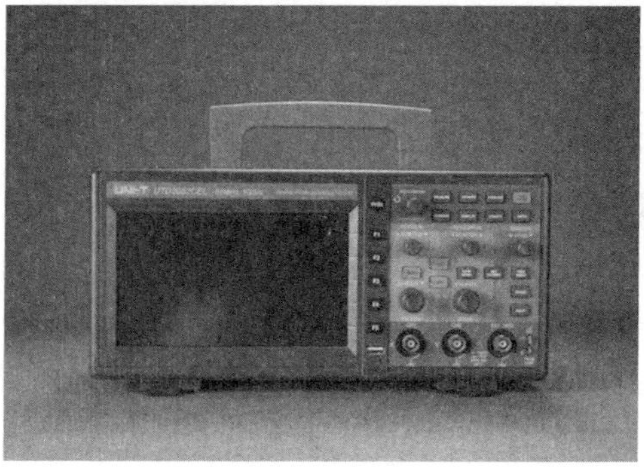

图 5-4　优利德牌数字存储示波器(电子科技博物馆藏)

模拟示波器要提高带宽，需要通过示波管、垂直放大和水平扫描全面提升。数字示波器要改善带宽只需要提高前端的 A/D 转换器的性能，对示波管和扫描电路没有特殊要求。加上数字示波管能充分利用记忆、存储和处理，以及具备多种触发和超前触发能力，20 世纪 80 年代数字示波器异军突起，成果累累，大有全面取代模拟示波器之势，模拟示波器逐渐被淘汰。

5.2.5 分析仪

分析仪主要有频谱分析仪和逻辑分析仪两种。

频谱分析仪是研究电信号频谱结构的仪器，用于信号失真度、调制度、谱纯度、频率稳定度和交调失真等信号参数的测量，也用于测量放大器和滤波器等电路系统的某些参数，是一种多用途的电子测量仪器。它又可被称为“频域示波器”“跟踪示波器”“分析示波器”“谐波分析器”“频率特性分析仪”“傅里叶分析仪”等。现代频谱分析仪能以模拟方式或数字方式显示分析结果，能分析 1 Hz 以下的甚低频到亚毫米波段的全部无线电频段的电信号。仪器内部若采用数字电路和微处理器，具有存储和运算功能；配置标准接口，就容易构成自动测试系统。图 5-5 为前锋牌频谱分析仪。

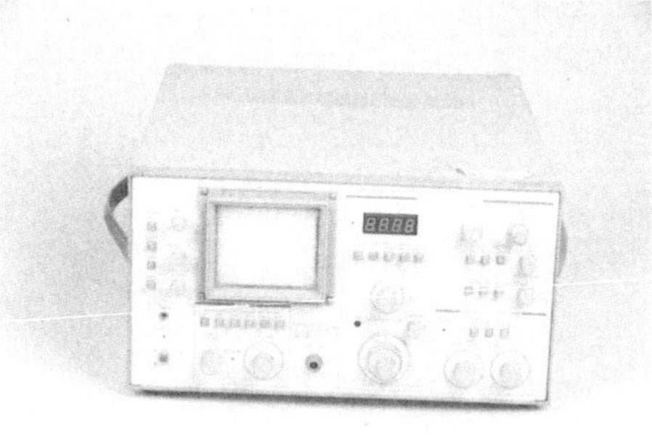

图 5-5 前锋牌频谱分析仪(电子科技博物馆藏)

逻辑分析仪是分析数字系统逻辑关系的仪器。逻辑分析仪是属于数据域测试仪器中的一种总线分析仪，即以总线(多线)概念为基础，同时对多条数据线上的数据流进行观察和测试的仪器，这种仪器对复杂的数字系统的测试和分析十分有效。逻辑分析仪是利用时钟从测试设备上采集和显示数字信号的仪器，最主要的作用在于时序判定。逻辑分析仪不像示波器那样有许多电压等级，通常只显示两个电压(逻辑 1 和 0)，因此设定了参考电压后，逻辑分析仪将被测信号通过比较器进行判定，高于参考电压者为 High，低于参考电压者为 Low，在 High 与 Low 之间形成数字波形。图 5-6 为惠普牌逻辑分析仪。

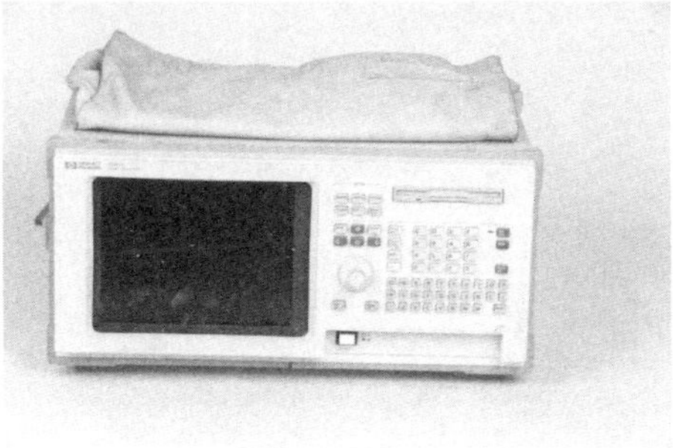

图 5-6 惠普牌逻辑分析仪(电子科技博物馆藏)

5.2.6 电子计数器

电子计数器(图5-7)是利用数字电路技术，计算出给定时间内所通过的脉冲数并显示计数结果的数字化仪器。电子计数器是其他数字化仪器的基础。在它的输入通道接入各种模数转换器，再利用相应的换能器便可制成各种数字化仪器。电子计数器的优点是测量精度高、量程宽、功能多、操作简单、测量速度快、直接显示数字，而且易于实现测量过程的自动化，因此在工业生产和科学实验中得到广泛应用。

电子计数器按功能可分四类：通用计数器、频率计数器、计算计数器、微波计数器。由于电子技术的不断发展，多功能电子计数器的总体结构越来越小巧，显示方式和操控方式也趋于多样化，可嵌入，可联网，可繁可简，可灵活架构。

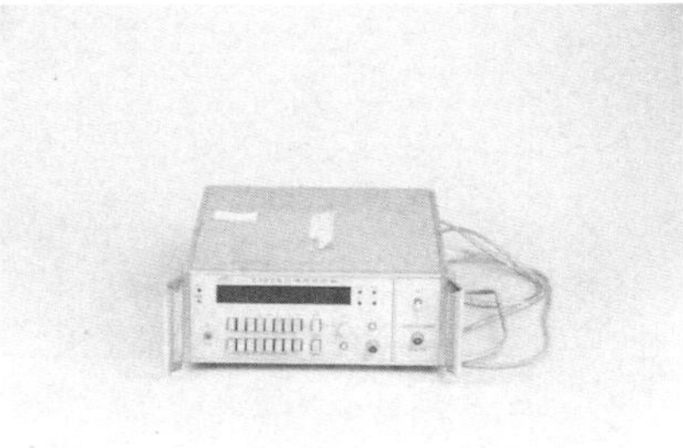

图5-7 电子计数器(电子科技博物馆藏)

5.2.7 元器件参数测量仪器

元器件参数测量仪器有Q表、万能电桥、RLC测量仪、晶体管特性图示仪、模拟或数字集成电路测试仪等，用于测量电子元件(如电阻、电容、电感和晶体管等)的电参数、显示特性曲线等。

Q表(图5-8)是一种通用的多用途、多量程的阻抗测量仪器。可用以测量高频电感或谐振回路的Q值、电感器的电感量和分布电容量、电容器的电容量和损耗角、电工材料的高频介质损耗、高频回路的有效并联及串联电阻、传输线的特性阻抗等。

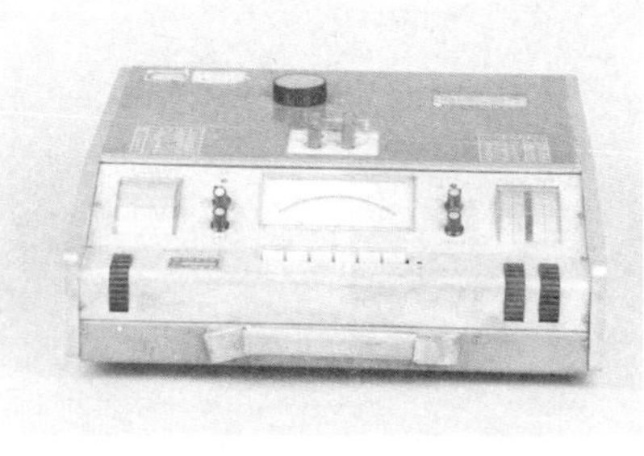

图5-8 Q表(电子科技博物馆藏)

万能电桥是一种携带方便、使用简单的音频交流电桥，内部有晶体管1 000 Hz振荡器、选频放大器和指示电表，用来测量电容、电感和电阻等。

晶体管特性图示仪(图5-9)是一种专用示波器，它能直接观察各种晶体管特性曲线及曲线簇。例如，晶体管共射、共基和共集三种接法的输入、输出特性及反馈特性，二极管的正向、反向特性，稳压管的稳压或齐纳特性。它还可以测量晶体管的击穿电压、饱和电流、α参数等。

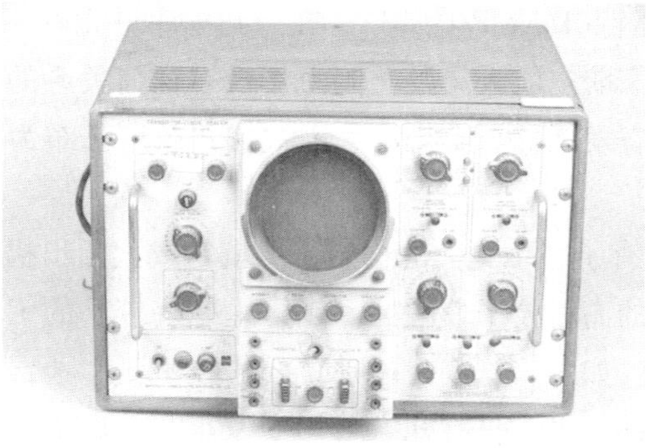

图5-9　晶体管特性图示仪(电子科技博物馆藏)

5.3　世界知名电子测量仪器公司的发展

电子测量仪器因测量对象极其多元，在发展中总是随需求变化应运而生，不断迭代，同时也会引导新需求的产生。电子测量仪器制造商遵循科技发展规律，为满足更精确测量的需求，从而引发了电子测量仪器的演进。所以，世界知名电子测量仪器公司的发展，恰恰就是一部电子测量仪器的发展史。过去百年，世界知名电子测量仪器公司的发展，还要从硅谷和“硅谷之父”谈起。

5.3.1　硅谷和“硅谷之父”

现今的硅谷是全球最著名的科技创新中心和高科技产业聚集地，位于美国加利福尼亚州北部的旧金山湾区南部，具体范围涵盖圣克拉拉谷地及周边城市。它最早是研究和生产以硅为基础的半导体芯片的地方，因此得名。尽管美国和世界其他国家的高新技术区在不断发展壮大，但硅谷仍然是高科技技术创新和发展的主要阵地，该地区的风险投资占全美风险投资总额的三分之一。

早前，这块区域一直是美国海军的一个工作站点，并且其航空研究基地也设置于此。许多科技公司围绕着海军的研究基地而建立。后来海军把它大部分位于西海岸的工程项目转移到圣迭戈时，美国国家航空航天局接手了海军原来的工程项目。不过，大部分的科技公司却留了下来，当新的公司又搬来之后，这个区域逐渐成为航空航天企业聚集区。

美国学者弗雷德·埃蒙斯·特曼(Frederick Emmons Terman)与威廉·肖克利(William Shockley)被广泛地认为是“硅谷之父”，前者曾经担任斯坦福大学副校长。

之前，硅谷还没有民用高科技企业，虽然这里有很多好的大学，可是学生们在毕业之后，却往往选择前往东海岸寻找工作机会。斯坦福大学的教授特曼发现了这点，于是他在学校里选择了一块很大的空地，并设立了一些方案来鼓励学生们在当地发展他们的风险投资事业。在特曼的指导下，他的两个学生比尔·休伊特(Bill Hewlett)和大卫·帕克特(Dave Packard)，在一间车库里凭着538美元建立了惠普公司——一个跟美国国家航空航天局及美国海军没有任何关系的高科技公司。这间车库现在已经成为了硅谷发展的一个见证，因被加州政府公布为硅谷发源地而成为重要景点。

1951年，特曼又有了一个更大的构想，那就是成立斯坦福研究园区，这是当时第一个位于大学附近的高科技工业园区。园区里一些较小的工业建筑，以低租金租给一些小型科技公司。如今，这些公司是重要的技术诞生地，可是在当时却并不为人所知。在最开始的几年里，只有几家公司安家于此，后来公司越来越多，它们不但应用大学最新的技术，而且租用该校的土地。这些地租成了斯坦福大学的经济来源之一，使斯坦福大学不断地兴旺发展。特曼在20世纪50年代决定，新的基础设施应以“谷”为原则而建造。

正是在这种氛围下，一个著名的加利福尼亚人威廉·肖克利搬回了这里。肖克利的这次搬家称得上是半导体工业的里程碑。

肖克利是一位在英国出生的美国物理学家、发明家，一生共获得90多项专利。1947年，他和约翰·巴丁(John Bardeen)、沃尔特·豪泽·布拉顿(Walter Houser Brattain)在贝尔实验室共同发明了晶体管，三人因此获得1956年的诺贝尔物理学奖。20世纪50年代至60年代，他在推动晶体管商业化的同时，造就了加利福尼亚州今天电子工业密布的硅谷地区。

1953年，他离开了贝尔实验室，回到了他获得科学学士学位的加州理工学院。1956年，他又搬到了距他母亲很近的加利福尼亚山景城，建立了肖克利半导体实验室。在这之前，尚未成形的半导体工业主要集中在美国东部的波士顿和纽约长岛地区。为了公司的发展，他特意从东部招来一批青年才俊，其中就有诺宜斯、摩尔等人。

在新地方，他打算设计一种能够替代晶体管的元器件来占领市场，即现在为人熟知的肖克利二极管。但是，在考虑设计得比“简单的”晶体管还要简单的这个问题时，他却被难住了。1957年，肖克利半导体实验室中的一些优秀年轻人集体跳槽，并在一位工业家谢尔曼·费尔柴尔德(Sherman Fairchild)的资助下，成立了仙童半导体公司。仙童半导体公司总部位于纽约市，原本主要经营照相机。

诺宜斯发明了集成电路技术，可以将多个晶体管安放于一片单晶硅片上，这使得仙童半导体公司迅速发展。1965 年，摩尔写了一篇文章，总结并推测了集成电路上的晶体管数量每 18 个月翻一番的规律，也就是人们熟知的“摩尔定律”。这一定律虽然只是根据 20 世纪 60 年代的数据总结而成，但是直到 21 世纪最初的那几年却依然有效。

随后几年，在肖克利半导体实验室里这种情况不断上演，在此工作的工程师不断建立新的公司。1967 年初，斯波克、雷蒙德等人决定离开仙童半导体公司，自创美国国家半导体公司，总部位于圣克拉拉。而 1968 年仙童半导体公司营销经理桑德斯的出走，又使世界上出现了超微科技公司，后来该公司与英特尔公司持续展开竞争。同年 7 月，诺宜斯、摩尔、葛洛夫离开仙童半导体公司，成立了英特尔公司。今天的英特尔公司，是全球半导体集成电路巨头之一。

1981 年，仙童半导体公司遭受打击，其设在加州圣何塞的芯片厂发生有毒溶液泄漏，公司花费了 1 200 万美元来更换土壤和监测水质。从此，公司开始走下坡路，最终销声匿迹。然而，由仙童半导体公司曾经的雇员所创建的公司在硅谷乃至全美国已超过百家。

5.3.2 泰克公司

1972 年，美国总统尼克松(Richard Nixon)访华，并向中国临时提供了一套带有泰克公司标志的卫星通信地面站设备，标志着中美科技合作的开端，泰克公司也顺势进入中国市场。

泰克是一家美国电子测量仪器公司，以生产示波器、逻辑分析仪、信号源等电子测量仪器而著名。泰克公司的创始人在 1946 年发明了世界上第一台触发式示波器，并基于这个突破性的技术创新创建了泰克公司，该公司逐步崛起成为全球示波器销量最大的公司。

1946 年，泰克公司成功开发带宽为 10 MHz 的同步示波器，这是近代示波器的基础。1963 年，泰克推出第一部使用直视存储管的示波器 Tek 564。1972 年 8 月，泰克实验室成立，尤其关注集成电路、固态器件、阴极射线管的创新研究。1996 年，泰克将先进的数字实时技术应用于低端产品，诞生了第一台 TDS200 系列，宣告了数字示波器时代的来临，引领模拟走向数字。1998 年 6 月，泰克首度推出数字荧光示波器 TDS500D 和 TDS700D，为尖端的电子设计而开发，其 7 种机型覆盖 500 MHz ~2 GHz，为示波器在无线通信领域的应用提供了新用途，取代了高价位的模拟示波器。2012 年 6 月，泰克 TDS200/1000/2000 系列在全球出货量已突破 50 万台(中国突破 15 万台)，成为全球最受欢迎的示波器。

如今的泰克公司已经成为全球最大的测试、测量和监测设备供应商之一。

5.3.3 惠普公司

惠普公司也是电子测量仪器的世界巨头之一。其公司名简称HP，来源于惠普两位创始人威廉·休利特(William R. Hewlett)和戴维·帕卡德(David Packard)的姓氏首字母，他们当年通过抛硬币决定了公司名称。

20世纪30年代，刚从斯坦福大学电子工程专业毕业的帕卡德和休利特，去科罗拉多山脉进行了一次为期两周的垂钓野营旅行。两人发现彼此对许多事情的看法非常一致，因而结为挚友。此后，休伊特到斯坦福大学和麻省理工学院继续深造，帕卡德则在通用电气公司找到一份工作。在斯坦福大学教授及导师特曼的鼓励下，二人决定成立一家公司并自己经营。

1938年，帕卡德夫妇迁入加州帕洛阿尔托市爱迪生大街367号。休伊特就在这栋房子后面租下一间小屋。休伊特和帕卡德以538美元作为初期资本，并利用业余时间在车库里开始了创业历程。他们的公司在初创阶段非常简陋，只有工作台、虎钳、钻床、螺丝刀、锉刀、烙铁、钢锯和一些买来的元器件。到了1940年，车库已经容纳不下，于是他们在一座小楼中租了部分地方，并雇用了首批员工以扩大生产各种仪器产品。

休利特利用其负反馈研究课题，成功研制出惠普的首项产品——阻容声频振荡器，型号为HP 200A。这是一种用于测试音响设备的电子仪器。该振荡器把一个白炽灯泡置入电路中，以提供可变电阻，这是振荡器设计上的一项突破。利用反馈原理，惠普又相继推出了另外几项早期产品，如谐波波形分析仪、多种失真分析仪。1963年，惠普公司生产出首个能按预设精确频率产生电信号的合成信号发生器。

1987年，当年那个车库被政府指定作为加州历史性保留建筑物，并被认为是惠普公司的诞生地和硅谷发展的里程碑。

1999年，安捷伦从惠普分离出来，成为一家多元化的高科技跨国公司，亦是最大的测试设备制造商，它主要致力于通讯和生命科学两个领域内产品的研制开发、生产销售和技术服务等工作。2006年，从安捷伦分离出了惠瑞捷，专注于半导体自动测试设备的研发和生产。2013年，从安捷伦分离出了德科技(Keysight)，专注于电子测试测量。

5.3.4 福禄克、优利德、鼎阳等公司

1977年，美国福禄克公司推出全球第一台手持式万用表，型号为8020，当时的售价是169美元，1984年停产，一共卖了25万台。

优利德集团有限公司为亚洲最具规模的仪器仪表公司之一，亦为中国测试仪表市场的第一大品牌。图5-10为优利德UTD-2000数字存储示波器。

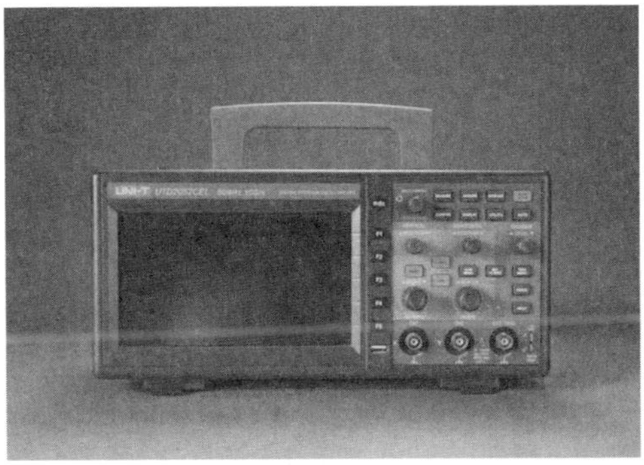

图 5-10　优利德 UTD-2000 数字存储示波器

优利德 UTD-2000 数字存储示波器是 2006 年由电子科技大学和优利德公司联合开发的。这一台示波器是中国最早出口的电子测量仪器，远销美国、德国、巴西、泰国等等地，使我国从该类仪器的完全进口国跃居为重要出口国，提升了国产测试仪器的核心竞争力。

鼎阳科技股份有限公司，由秦轲、邵海涛创立于 2002 年。最初，鼎阳科技主要自主研发数字示波器。2007 年开始，鼎阳科技的 ADS7000 系列在美国及西欧销售，且年销量突破 10 000 台。2017 年，入围全球年度电子成就奖。2021 年 12 月，它在科创板上市，成为全球极少数具有数字示波器、信号发生器、频谱分析仪和矢量网络分析仪四大通用电子测试测量仪器研发、生产和销售的电子测量仪器企业。

5.4　中国电子测量仪器的发展

5.4.1　发展现状

电子测量仪器属于高新技术领域，是现代工业产品中新技术应用最多、最快的产品门类之一，但通过阅读前面的章节，我们不难发现，最先进的电子测量技术基本上被美国、日本等发达国家掌控。国内在电子测量仪器的研发方面相较落后，表 5-1 所列的 2018 年全球仪器产业排名前 20 名的企业名单中并没有中国企业。但是，中国在这一电子科学技术的关键领域并没有自甘落后，而是一直努力。中国电子信息产业统计年鉴显示，中国的测试测量仪器，每年都以超过 30% 的速度快速增长。

表 5-1　全球仪器产业排名前 20 的公司(2018 年)

排名		公司名称	2018 年仪器销售额(百万美元)	较 2017 年变化率	占总销售额比例	总部所在地
2018	2017					
1	1	赛默飞世尔科技(Thermo Fisher)	6 333	12.10%	26.00%	美国
2	3	岛津(Shimadzu)	2 183	5.20%	61.80%	日本

续表

排名		公司名称	2018 年仪器销售额(百万美元)	较 2017 年变化率	占总销售额比例	总部所在地
2018	2017					
3	4	罗氏诊断(Roche Diagnostics)	2 064	5.20%	15.60%	瑞士
4	5	安捷伦科技(Agilent)	2 015	3.80%	41.00%	美国
5	2	丹纳赫(Danaher)	1 941	-15.00%	9.80%	美国
6	6	蔡司集团(Zeiss Group)	1 831	0.70%	26.60%	德国
7	8	布鲁克(Bruker)	1 516	14.40%	80.00%	美国
8	7	梅特勒-托利多(Mettler-Toledo)	1 497	9.80%	51.00%	瑞士
9	9	沃特世(Waters)	1 205	2.10%	49.80%	美国
10	12	珀金埃尔默(PerkinElmer)	889	27.00%	32.00%	美国
11	11	伯乐生命医学(Bio-Rad)	871	14.00%	38.60%	美国
12	10	艾本德(Eppendorf)	857	5.10%	100.00%	德国
13	14	思百吉(Spectris)	723	16.40%	33.70%	英国
14	13	日本电子(JEOL)	648	-1.10%	65.00%	日本
15	15	日立高新科技(Hitachi High-Tech)	613	1.30%	9.00%	日本
16	17	尼康(Nikon)	571	10.50%	8.80%	日本
17	16	因美纳(Illumina)	569	10.50%	17.10%	美国
18	18	赛多利斯(Sartorius)	500	7.40%	27.00%	德国
19	19	奥林巴斯(Olympus)	357	3.10%	5.10%	日本
20	20	帝肯(Tecan)	341	6.40%	58.00%	瑞士

据《2021—2026 年中国电子测量仪器行业全景评估及投资规划建议报告》数据显示，目前中国电子仪器行业已经形成了一批电子仪器开发和生产的骨干企业，研究和开发出了一批具有自主知识产权、达到国际同类先进水平的产品。2020 年，我国规模以上的电子测量仪器制造企业有 212 家，电子测量仪器制造骨干企业有几十家。针对目前的“时域”“频域”“数域”“阻抗域”“调制域”的电子测量仪器，我国都开发了相应的产品，其中有几十个品种产品达到国际同类产品的先进水平，已应用到了急需的国防、科研、生产上。

阅读材料

“布衣院士”李小文

中国电子测量仪器的发展离不开一代代为此而奋斗的科学家，是他们的无私奉献造就了中国电子测量仪器的快速发展。电子科技大学的李小文为电子测量作出巨大贡献。

李小文是著名遥感学家、地理学家，国内遥感领域泰斗级专家。曾因艰苦朴素、醉心于学术研究而被网友尊称为“布衣院士”。2014 年 5 月，他光脚穿布鞋在中国科学院大学做讲座的照片铺满互联网，越来越多人认识了这位着装“任性”的中国科学院院士。

他创建了“李小文-Strahler”几何光学学派，其硕士论文被列入国际光学工程协会“里程碑系列”。他和其团队的研究成果推动了定量遥感研究的发展，让我国在多角度遥感领域保持着国际领先地位。

彭启琮与风洞实验

1986 年，彭启琮获得了难得的公派留学机会，师从世界噪声界的权威学者、美国工程院院士。留学期间，彭启琮深受导师的器重和欣赏。学成之时，教授真诚地挽留他。但是在彭启琮看来，虽然那里的科研环境和生活条件比国内要好很多，但近两年的所见所闻使他深深地体会到，“那不是我的国家，那不是我的文化。”所以他决定，按期回国。彭启琮说：“现在看来，这个决定，还是作对了。”

彭启琮在与“中国空气动力研究和发展中心”合作的十余年时间里，他们成功地解决了我国新型战斗机和“921 工程”(即“神舟”系列飞船)风洞试验中的一系列难题，打破了西方国家对我们的封锁，满足了国防的急需，还为国家节约了大量的经费，受到总部首长、型号研制单位和试验单位的一致好评，也受到国外同行专家的高度赞赏。图 5-11 为彭启琮风洞测试。

图 5-11 彭启琮风洞测试

5.4.2 “一厂一校一所”

中国的电子测量仪器，主要经历了“进口—仿制—自主研制—出口”的历程。

在中国电子测量仪器领域有着“一厂一校一所”的说法，分别指前锋厂、成都电讯工程学院和 41 所，这便是中国人民解放军总装备部和信息产业部(现工业和信息化部)共同认定的中国电子仪器行业“一厂一所一校”重点单位。

(1)一厂

一厂指前锋集团，它是我国最早研制和生产电子仪器的大型军工骨干企业之一，为国防现代化建设提供了大量的配套装备和服务。

成都前锋电子电器集团股份有限公司的前身是1958年建立的我国第一个无线电测量仪器厂——国营前锋无线电仪器厂(国营第766厂)，是“一五”期间我国兴建的国内最大的电子仪器科研生产厂。从建厂到1980年，前锋厂处以开发、生产电子测量仪器为主，先后研制生产了16个系列近200个品种的各类电子仪器，支持了我国广播、通信、航空航天、国防现代化等领域的建设和发展。

前锋厂的发展，主要经历了四个阶段。第一阶段是1958年至1970年，主要仿制苏联、德国、日本试制仪器，满足了300 M以下的通信/广播的急需。第二阶段是1970年至1985年，厂子完成了从电子管到半导体的升级，开始自主设计、自主研发和军用转民用。第三阶段是1985年至2005年，是智能化仪器开发阶段，厂子提高了自我开发能力，但受到国外品牌的冲击。第四阶段是2005至今，受安捷伦公司收购影响，目前以热水器和气表为主，仅少量生产测量仪器。

(2)一校

一校，指的是成都电讯工程学院。

成都电讯工程学院成立之初，有三所高校的无线电专业的大部分师生调入，其中包括无线电测量专业。以华南理工大学为例，1956年该校无线电系大部分师生被调入成都电讯工程学院，其中包括冯秉铨(当时的两位一级教授之一)。1958年，冯秉铨在华南理工大学重建无线电系，开设了包括电子测量技术在内的6个专业。1956年，成都电讯工程学院设立了包括无线电测量专业在内的4个专业，使它成为中国第一个电子测量领域的工程训练基地。

1956年9月初，弗·尤·罗金斯基(B. IO. Rokinsky)作为第一批苏联专家来到成都电讯工程学院。他是无线电测量专家，他的到来对这所新生的学校来讲至关重要。他带来了自己编写的教科书《无线电测量》，用以指导青年教师、外籍教师和研究人员，还招收两年制研究生，并为全校学生开设必修课“无线电测量”。在成电的两年时间里，罗金斯基以通用电子测量的方式，确立了成都电讯工程学院的无线电测量方向，为学校今后的发展奠定了基础。

同年，张世箕从华南理工大学毕业。他翻译了罗金斯基的《无线电测量》一书，协助罗金斯基为本科生授课，指导青年教师，并从事无线电测量领域的研究。

1958年，罗金斯基结束任期返回苏联。张世箕和其他青年教师在罗金斯基的基础上继续开展教学和科研工作。

1959年，张世箕创办了中国第一个无线电测量专业，该专业隶属于电信系。后来，无线电测量实验室正式成立，兼有教学和科研功能，并开始招收本科生。对于张世箕来说，罗金斯基的离开意味着新的开始和新的挑战，他接过了接力棒。表5-2所列为1959年电子科技大学专业设置表(部分)。

表 5-2 **1959 年电子科技大学专业设置表(部分)**

代号	系	专业
一系	电讯	市内电话
		长途电话
		无线电通讯
		无线电测量
二系	无线电	雷达
		电视
三系	无线电材料与器件	绝缘材料与电阻电容
		半导体材料与器件
		磁性材料与器件

1965 年，无线电测量专业改为无线电测量技术与设备专业；1972 年，改为无线电测量仪器专业；1985 年，改为电子仪器及测量技术专业；1998 年，电子仪器及测量技术与检测技术及仪器专业合并为测控技术与仪器专业。

(3)一所

中国电子科技集团第四十一研究所(简称“四十一所”)，是我国唯一的专业电子测量仪器研究所。四十一所主要从事微波/毫米波、光电通信、数字通信、基础通用类测量仪器，以及自动测试系统、微波毫米波部件等产品的研制、开发和批量生产，并为军用、民用电子元器件、整机和系统的研制、生产提供检测手段。经国家授权批准，四十一所成立了电子测试技术重点实验室、光电子一级计量站、综合电子测试与保障装备研发中心、自动化测试技术研究应用中心、国家电子仪器质量监督检验中心、国家计量器具新产品定型鉴定技术机构等专业机构，在我国电子测量仪器行业占据龙头地位。

1968 年 3 月，在陕西凤县温江寺公社谷家庄南家关兴建四十一所，即超高频电子器件测试设备研究所，如图 5-12 所示。四十一所主要任务是负责研制测试超高频电真空和微波半导体器件所需的测试设备、仪器、微波元件等。在艰苦条件下，四十一所经历了 10 年的艰苦奋斗，先后完成了 10 多项课题的研究，部分课题获得了全国科学大会奖和电子工业部科技进步奖。由于交通闭塞和自然灾害的侵袭，地处秦岭腹地的四十一所面临着重重困难，科研生产停顿，职工生活没有保障。1982 年 3 月，经第四机械工业部批准，四十一所开始成建制分期分批迁入安徽省蚌埠市。经过 10 年的努力，四十一所边搬迁，边建设，边科研，边生产，在淮河岸边建成我国唯一的电子测量仪器研究所——华东电子测量仪器研究所。

图 5-12　四十一所位于陕西凤县的原址

5.4.3　整体发展

中国的电子测量仪器，主要是伴随国防现代化和电子工业基础建设，发展而来。从时间脉络来讲，经历了萌芽建立期(1949—1959 年)、电子管仪器兴衰期(1960—1964 年)、晶体管测量仪器普及期(1965—1970 年)、集成电路及计算机技术的测量仪器应用期(1970—1990 年)。从仪器类别来讲，经历了从通用到专用的过程；从仪器核心元器件来看，电子管、晶体管和集成电路依次替代；从工业发展上看，由地方电子仪器制造厂和部属定点仪器制造厂相继起步，发展到全国统一规划、地方和部属企业协同发展的局面。

(1)萌芽建立期(1949—1959 年)

新中国成立后，只有少数省市具备电子测量仪器基础。在国家和地方政府大力倡导下，为了配套电子工业基础的建立，电子测量仪器的地方企业、部属企业相继起步建立。

在北京市当时主要围绕收音机的生产需要发展而成的电子测量仪企业中，有各地方电子仪器制造厂，还有国营大华无线电仪器厂等。该厂建成时，成为我国最早生产无线电微波测量仪器的企业。在江苏省，电子部定点建设了南京电讯仪器厂、南京无线电仪器厂等 6 家部属企业，当时主要生产基础的无线电测量仪器。四川省由原有的电子元器件厂配套生产专用和通用的电子测量仪器，还筹建了前锋无线电仪器厂，生产标准信号发生器等。

(2)电子管仪器兴衰期(1960—1964 年)

在这一时期，电子测量仪器中使用的二极管、稳压管和放大管、振荡器等器件，均为电子管。

北京国营大华无线电仪器厂采取模仿性设计，在短时间内试制出适合国内生产的微波频率计、微波信号发生器等。江苏省在这一时期，按照国家分工，以南京市测频仪器、常州市电容测量仪器为主要发展方向。因为良好的元器件性能，该厂生产电容测量仪器等产品，畅销全国并且有了出口。安徽省起步建设了合肥无线电厂、光华无线电仪器厂等，主要生产有线电测量仪器等通信仪器、视频仪器、微波仪器和其他应用测量仪器。四川省的前锋无线电仪器厂已经在1963年试制和生产12种产品，为国防、科研和生产提供了大量的无线电测试仪器，并援建了永华无线电厂等。

(3)晶体管仪器普及期(1965—1970年)

20世纪60年代初期，半导体锗二极管、三极管相继能够在我国企业生产，电子测量仪器也随之向晶体管化过渡。

北京的国营大华无线电仪器厂在1965年时，已经能生产7种微波测量仪器，迅速形成了产能。江苏省在1965年成功研制了全晶体管化的数字式频率计，从单一测量频率发展到测频、测时、计数等多种功能，在结构上也采用印制电路，因而体积小、重量轻、功耗小。南通电子仪器厂又利用硅晶体管试制晶体管数字频率计，并在1969年取得成功。安徽省合肥无线电一厂在当时主要试制通信仪测量仪器，尤其是有线电测量仪，光华无线电仪器厂主要生产微波仪器。四川省在隆昌县(现为隆昌市)筹建了建安仪器厂，生产电离室式、闪烁体式测量仪器；在重庆组建了重庆半导体测试仪器厂，后更名为重庆无线电测试仪器厂，试制不同种类的示波器，并投入生产中。

(4)集成电路及计算机技术的仪器应用期(1970—1990年)

20世纪70年代，中国实现了集成电路批量生产，这为电子测量仪器自身结构和发展路线提供了基础条件。20世纪80年代，随着计算机技术嵌入其中，中国电子测量仪器的自动化、智能化之路开始被探索。

江苏省在多个无线电厂，试制生产了集成电路测试仪器，测频计算机技术器、微处理器测频测试仪器，并于20世纪80年代开始对老产品开展集成电路化转型。安徽省围绕通信测量仪器、视频测量仪器和微波测量仪器，逐步发展生产矿用安全测量仪器、医疗测量仪器，还将测量仪器拓展应用于农业、交通、商业、建材等领域。四川省在20世纪80年代，电子测量仪器的生产已经形成规模，共开发生产高频超高频仪器、电视测量仪器等14个大类的产品，并采用计算机辅助设计(CAD)，开展可靠性研究。部分产品开始应用大规模集成电路。20世纪80年代后，军工、重点工程的电子测量仪器产量削减，也受到进口仪器冲击。电子测量仪器扩大服务面，开始全力开发面向石油、视频、教育、医疗和轻工等领域的仪器。

5.5 电子测量仪器的发展趋势

20世纪，电子测量仪器的发展是迅速而丰富的。而进入21世纪，新工艺、新材料、新制造技术催生了新一代电子元器件，也促使电子测量技术和电子测量仪器领域产生了新概念和新趋势。

(1)高性能

仪器的性能更加优异，测量功能更加强大，仪器的测量精度、测试灵敏度、测量的动态范围等都达到了前所未有的高度。

(2)集成化

仪器和计算机技术出现前所未有的融合。越来越多的仪器选用以 Windows 软件和 Intel 芯片为平台，采用 Windows GUI 和基于军用标准的软件，用 Windows 软件代替仪器内部操作软件，易于与微软办公软件连接，充分发挥其效能。

(3)智能化

人工智能及机器学习等智能化技术被逐步引入，采用数据分析、故障诊断和自我校准等方式，以提高电子测量仪器的智能水平和操作便捷性。

在“将仪器装进计算机”思想的推动下，虚拟仪器发展得越来越快。1986 年，美国国家仪器公司以 LabVIEW 为软件开发平台，提出虚拟仪器技术。美国国家仪器公司提出的虚拟测量仪器概念，引发了传统仪器领域的一场重大变革，使得计算机和网络技术得以长驱直入仪器领域，并与仪器技术结合起来，从而开创了“软件即是仪器”的先河。“软件即是仪器”成为美国国家仪器公司提出的虚拟仪器理念的核心思想。从这一思想出发，用基于电脑或工作站、软件和 I/O 部件来构建虚拟仪器。I/O 部件可以是独立仪器、模块化仪器、数据采集板(DAQ)或传感器。美国国家仪器所拥有的虚拟仪器产品包括软件产品(如 LabVIEW)、GPIB 产品、数据采集产品、信号处理产品、图像采集产品、DSP 产品和 VXI 控制产品等。同其他技术相比，虚拟仪器技术具有四大优势：性能高、扩展性强、节约时间、无缝集成。

LabVIEW 平台集成了工程师和科学家快速构建各种应用所需的所有工具，旨在帮助工程师和科学家解决问题、提高生产力和不断创新。它充分发挥了计算机的能力，有强大的数据处理功能，可以创造出功能更强的仪器，用户也可以根据自己的需要定义和制造各种仪器。

思考

1. 从科技史角度，理解电子测量仪器在科学技术发展历程中的角色。

2. 电子测量仪器属于高新技术领域，是现代工业产品中新技术应用最多、最快的产品门类之一，但是不难发现最先进的电子测量技术基本上被美国、日本等发达国家掌控。国内在电子测量仪器方面还较为落后，你对中国电子测量仪器产业有什么期待？

本章参考文献

[1]詹惠琴，古天祥，刁友宝，等．电子测量原理[M].2版．北京: 机械工业出版社，2023.
[2]普塞尔．美国技术简史: 技术信念改变世界[M]. 北京: 中国科学技术出版社, 2022.
[3]帕卡德．惠普之道: 美国合伙人的创业思维[M]. 重庆: 重庆出版集团, 2016.
[4]《电子科技大学志》编写组．电子科技大学志(1956—1994)[M]. 成都: 电子科技大学出版社, 1999.

第六章　电子元器件史

6.1　电子元器件概述

电子系统是连接而成、表现出预期功能的一组电子元器件。电子元器件是在电子系统中实现特定功能的最基本组成部分，具有两端性。电子元器件是各类电子电路系统的核心组成部分，既是电子科技更新换代的基石，又是每一代电子电路系统水准的标志。图 6-1 所示的是电子爱好者手工制作的基本电子元器件。

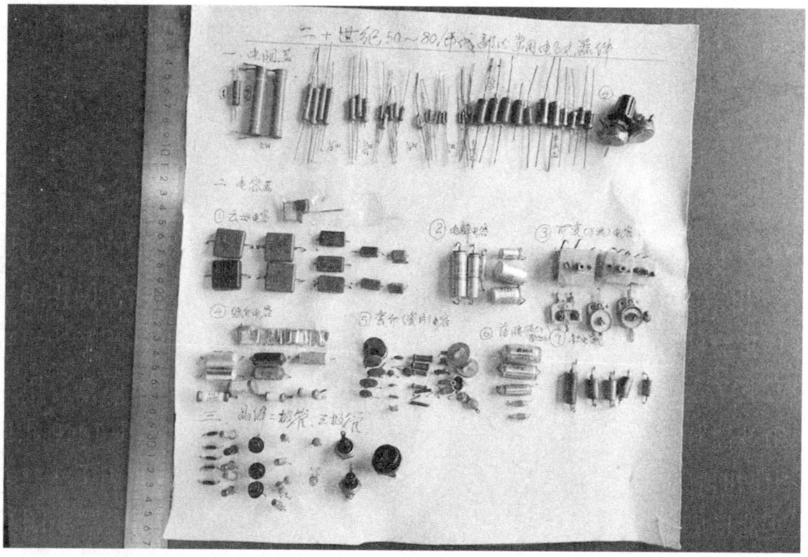

图 6-1　电子爱好者手工制作的基本电子元器件(电子科技博物馆馆藏)

因电子元器件的多样性及其在电子电路中扮演的角色，我们要了解电子元器件得从它的典型应用谈起。

电子元器件的发展，深深地影响着计算机的发展路径和呈现形态。图 6-2 展现的是两个不同时代的计算机。图 6-2(左)所示的是全球第一台通用电子计算机——电子数字积分器和计算器(ENIAC，中文译名“恩尼阿克”)②，它于 1946 年诞生在美国宾夕法尼亚大学，每秒可进行 5 000 次加法运算或 400 次乘法运算。由于以电子管作为核心元器件，与当今的电子计算机比起来，它的体积十分庞大，占地面积约为 170 m^2，相当于 1.5 个网球场大小。图 6-2(右)是现在销量较好的华为笔记本电脑 Matebook X Pro，尺寸却仅有 31 cm×22.1 cm，重量仅有 1.26 kg，十分便携。

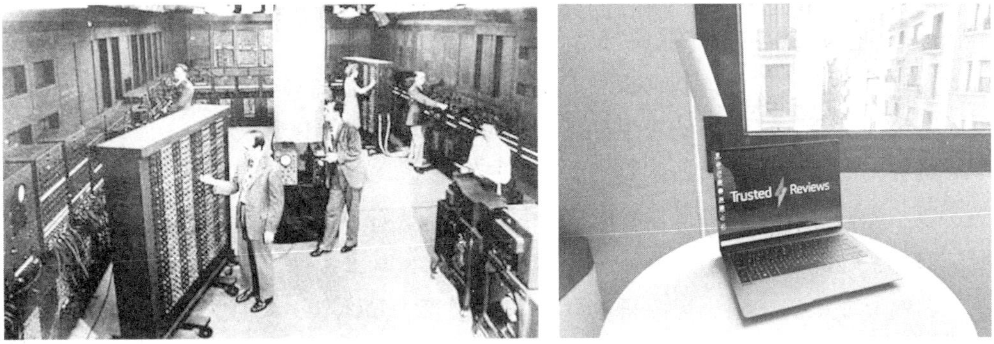

图 6-2 ENIAC(左)与华为笔记本电脑 Matebook X Pro(右)的对比

电子元器件还直接影响了无线及移动通信的形态。图 6-3 所示的是一组无线及移动通信终端的对比。图 6-3 左边的两张图片是“大哥大”——摩托罗拉 DynaTAC 8000X，它采用模拟信号，是 0 G 手机。同时，这台 DynaTAC 8000X 使用的镍镉电池容量有限，充电 10 小时才能充满，只支持通话 30 分钟。而图 6-3 右边的两张图片显示的这部手机，就是华为手机 Mate 60，其使用的锂电池容量高达 4 750 mA · h，正常使用时间可达 10 小时以上。

“大哥大”块头大，高度为 25 cm，重量达到 1.1 kg，形似砖头，在刚刚进入中国市场时被称为“砖头机”。而华为手机 Mate 60 厚度仅为 7.95 mm，重量为 209 g，轻薄便携。那到底是什么原因造成了它们体型的巨大差异呢？答案就藏在电子元器件中。电子元器件经历了由电子管到晶体管，再由晶体管到集成电路，最后由集成电路到超大规模集成电路的发展历程。它的效率越来越高，功能越来越强大，但体积却越来越小。华为手机 Mate 60 搭载的麒麟 9000S 芯片，采用了 7 nm 工艺制造，一块芯片上集成了 153 亿个晶体管，是目前世界上集成密度最大的集成电路之一。这与以前手机中芯片所含的集成电路不可同日而语。

---

② 当时 ENIAC 未被称为 computer(计算机)，因为当时的 computer 是指从事计算工作的人。

图 6-3　摩托罗拉 DynaTAC 8000X(左)和华为手机 Mate 60(右)的对比

图 6-2 所示的相差近 80 年的电子计算机的对比和图 6-3 所示的相差 40 年的手机的对比，都非常神奇，基本相同的主要功能，体积、运算速率和智能化程度却发生了跨越式发展，这一切的发生都是由电子元器件技术演化驱动的。

那么，电子元器件是如何分类的呢?

电子元器件通过生产元器件时是否改变分子成分来区分，主要分为电子元件和电子器件，如图 6-4 所示。分子成分不改变的称为电子元件，如电阻、电容、电感；分子结构改变了的，则称为电子器件，如电子管、晶体管、集成电路。电子元器件的发展趋势是小型化。电子元件又称“无源器件”，不改变分子结构，本身不产生电子，它对电压、电流无控制和变换作用。电子器件又称“有源器件”，改变了分子结构，本身能产生电子，对电压、电流有控制、变换作用(放大、开关、整流、检波、振荡和调制等)。

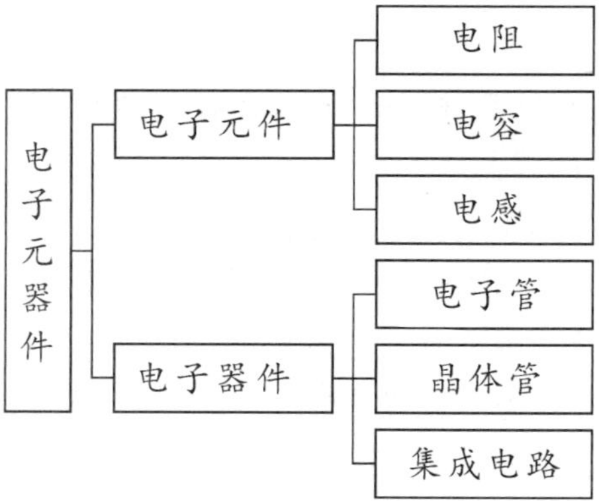

图 6-4　电子元器件的分类(按是否改变分子成分来区分)

从产业行业的角度来区分，电子元器件行业中的电阻、电容、电感属于电子元件业，电子管和晶体管属于半导体分立器件业，集成电路业则为独立分支，如图 6-5 所示。

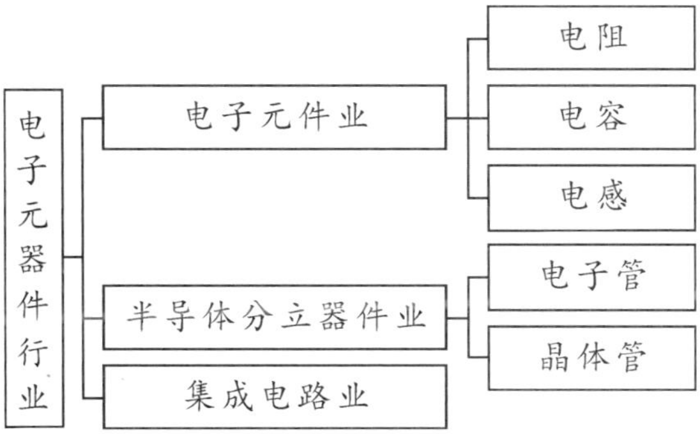

图 6-5 电子元器件的分类(按产业行业区分)

电子元器件发展史就是一部浓缩的电子科技发展史。电子元器件的开端，是从爱迪生发现“爱迪生效应”开始的。1883 年，爱迪生发明白炽灯，随后他发现了一个效应，但并未提出能用该效应做什么。这个效应是没有连接在电路里的铜丝，因接收到碳丝发射的热电子产生了微弱的电流。1889 年，弗莱明在访问爱迪生时观察了该效应，并于 1904 年发明了第一只电子管真空二极管，这标志着电子工业发展的起点，人类进入电子时代。1906 年，美国发明家德弗雷斯特发明第一只真空三极管 Audion，他在灯丝和板极间加栅极，集检波、放大、振荡三种功能于一体，被称为是电子工业真正的起点。电子管的问世，推动了无线电子学的蓬勃发展。在 1960 年前后，西方国家的无线电工业可以年产 10 亿只无线电子管。同时，电子管的发展还促进了海上和空中通信、家庭娱乐领域的发展，以及飞机、雷达、火箭的发明。

电子元件的典型代表有电阻、电容、电感。电阻是用电阻材料制成的，有一定结构形式，能在电路中起限制电流通过作用的二端电子元件。电容是在电路中用以储存电能的基本元件，具有在电路中储能(储存电能和提供电容量)、阻止直流电通过而允许交流电通过等特性。电感是一种能够把电能转化为磁能而存储起来，会因为通过的电流改变而产生电动势，从而抵抗电流的改变的电路元件。

本章主要讨论电子器件的发展历史。

6.2 电子管的产生与发展

1883 年，爱迪生发明了第一支白炽灯。他发现，白炽灯泡长时间使用后，碳化了的灯丝发光发热一段时间后，碳就会从灯丝上移到玻璃罩子上，然后玻璃就会蒙上一层黑黑的碳，发光效率会变低，而且碳丝逐渐消散也会导致白炽灯的使用寿命受到影响。有一次，他偶然发现在正极碳沉积的黑色区域里，有一个细细的区域没有碳，是白色的，就像正极这边有什么东西把负极这边的碳给阻挡了。爱迪生就开始思考：如果说碳带的是负电，那在灯丝和玻璃之间放置一块铜板，如图 6-6 所示，试图阻挡碳粒子，希望灯泡的发光效率不受到影响，灯罩上就不会出现碳沉积了。

但是，问题实际上并未得到解决。

在这个问题真正被解决时，人类迎来一个新的时刻。实验中改变铜板上的电压，发现有电流从铜板流向灯丝，且单方向流动。正是爱迪生这一巧妙的构想，引发了后来的故事。他在做这个实验时发现碳粒子逸出后，被新增的电极吸收过后，电极和正极的灯丝之间是有电流的。他接了一个电流计去测试，果真有电流，但是与阴极的通路是没有电流的。虽然无法解释这一现象的原理，但他申请了名为"爱迪生效应"的专利。

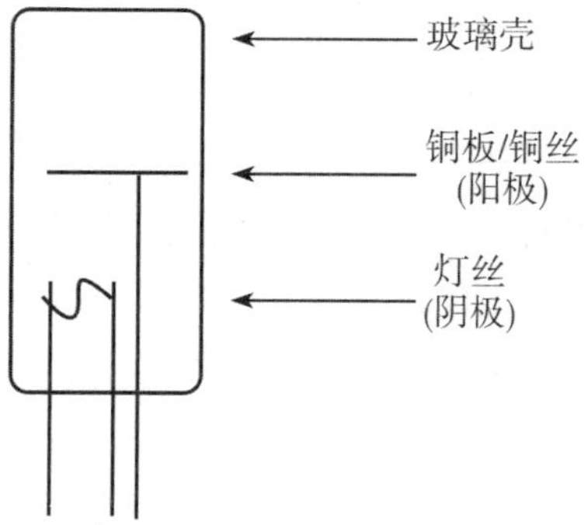

图 6-6　爱迪生特制灯泡

基于这个效应，英国人弗莱明发明了真空二极管，就是我们后来提到的电子管。弗莱明又是怎么做的呢？1882 年，他受聘到爱迪生公司的英国伦敦分公司，担任技术顾问，主要从事白炽灯研究。他用这个特制灯泡做实验，在铜板和灯丝之间加上改变正负方向的电流，他观察到电流只有单向通过。这是他的第一个发现，依然无法解释这一现象的原理。弗莱明的第二个发现，发生在他做了 29 个实验后。他改变了板极的位置，从离正极近到离负极近，然后改变形状和温度后，再去做实验。最后得出结论：从导体发射出来的碳分子或者碳粒子带的是负电。

1899 年，弗莱明又受邀到马可尼电报公司担任技术顾问，当时的马可尼正在尝试跨越大西洋的无线电通信。原本马可尼的无线电报传输距离最远能达到 300 km，但是要跨越大西洋，至少需要传送 3 000 km 的距离。一个现实摆在眼前，发射端到接收端的距离过远，接收端无法完全收到的完整且清晰的信号。

所以，如何将需要的信号放大并使其被检测到呢？

这就要依赖于检波，那检波是什么呢？简而言之，就是要把微弱的高频信号转换成直流信号，这是当时检波的作用。这对于当时的无线电通信来说，是极大的难题，因为当时的检波设备主要有粉末检波器、磁性检波器，能够实现把低频的交流电转换为直流电，但这些设备都无法满足远距离高频通信的需求。此时，作为顾问，弗莱明尝试寻找新的检波工具，他思考着单向导电的设备或许可以派上用场。他加入马可尼电报公司后发现，这就是之前自己做的那个实验，利用这个设备可以把交流电转化为直流电。

1904 年，弗莱明对实验重新做了验证。他请爱迪生与斯旺联合电灯公司重新生产了一批由电灯泡改装的管子。这种管子被叫作弗莱明二极管，如图 6-7 所示。在他重新设计后，管子的中间是灯泡灯丝，旁边的一圈是绝缘金属板。正因为是由电灯泡改装，所以从外形来看，这些定制的电子管基本就是灯泡，不过在内部有一圈金属圆筒围绕着灯丝。这样设计出来过后，他实验发现负电流可以从灯丝传导到圆筒，但是不能从圆筒到灯丝反向流动。接着，他再进行一些改进，发明了真空二极管，就是我们现在说的最初的电子管，也叫“弗莱明管”。有人说，真空二极管是电子工业的起点。

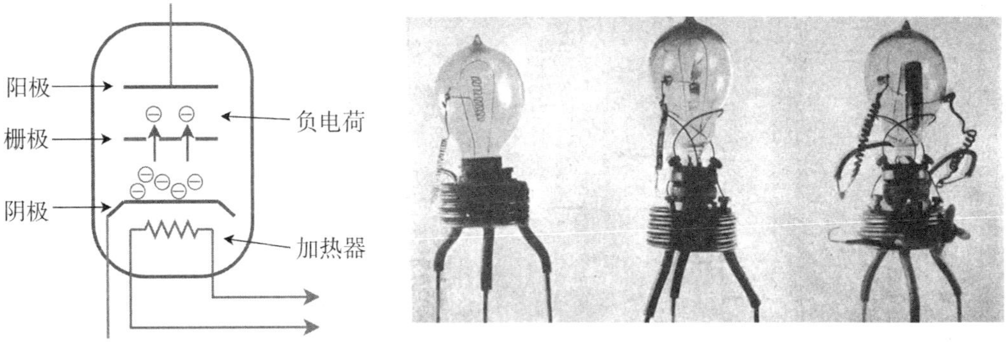

图 6-7　弗莱明二极管(照片来源：科学博物馆)

但是，电子工业的真正起点还得由另一人来开启，这就是德弗雷斯特。1906 年，在为西部电气公司工作时，德弗雷斯特发明了热电三极管(Thermionic Triode)。1907 年，他获得专利授权，称为真空三极管(Triode)。德弗雷斯特在真空二极管的阴极和阳极之间，再加了一块铜板作为栅(shān)极，见图 6-8。也有人称为“zhà”极，因为它就像栅栏一样去控制中间电流流过的大小，加了栅极过后就成了三极管。发明真空三极管的意义在于，它能够放大微弱信号，这为后来远距离无线电的发展奠定了基础。

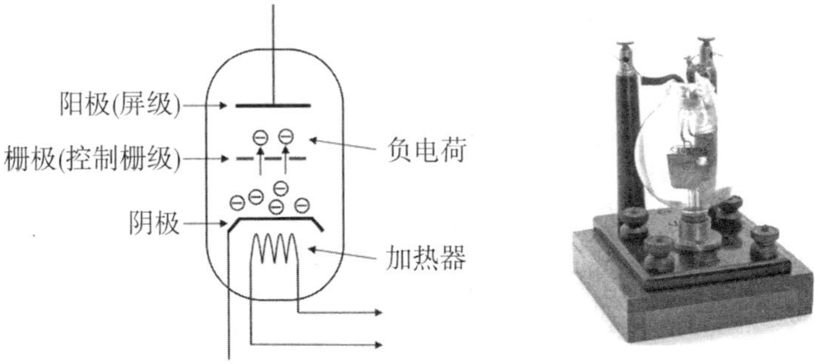

图 6-8　真空三极管(照片来源：科学博物馆)

1914 年，美国电话电报公司希望他们的电话能够从东海岸纽约，拨打到西海岸的旧金山。但是，当时采用了很多方式，最多只能实现电话从东海岸拨打到中部。要实现从东海岸到西海岸的电话通信，就需要制造放大信号的器件，中间加中继站来完成。真空二极管只能整流，所以美国电话电报公司注意到了德弗雷斯特的真空三极管。1912 年，美国电话电报公司买下德弗雷斯特的专利。1915 年，美国电话电报公司实现了电话连通东西海岸的创举，贝尔在纽约与位于旧金山的华森顺利通话。三极管因放大作用，广播的远距离无线传输才具备了可能性，无线通信就此在历史中拉开序幕。所以，有人说电子工业真正的起点是德弗雷斯特发明真空三极管。

德弗雷斯特跟弗莱明之间也发生过专利之争。弗莱明提出，德弗雷斯特的真空三极管就是在二极管里面加了一个栅极。但是，德弗雷斯特回复，他在研究真空三极管的时候压根就不知道弗莱明所发明的二极管，两人一个在美国一个在英国。他们的专利之争持续了很久。当时的美国、英国等国的发明家们，在这段时期不断发生专利之争。其实，按照多重理论，这也是科技发明大量迸发的标志。

随着电子管的大量应用和生产，接下来的几十年里，电子管被应用在军事和民用领域上。在军事上，雷达、电子计算机的研发和使用，都对电子管产生了巨大需求，例如前面提到的恩尼阿克电子计算机等。在民用上，电子管收音机进入了千家万户，成为公众获取信息的重要媒介。在 20 世纪 50 年代后期的中国，收音机还成为“三转一响”中的“一响”，反映着当时中国人民的生活水平和国家的经济水平。胆机（电子管收音机），因其通透饱满的音色，至今仍为众多音响爱好者所追捧。

当然，电子管也并非完美，它长时间工作会发热，从而影响机器的工作寿命。所以，当时在电子系统工作时，需要多配备件以便及时更换。比如，恩尼阿克计算机在工作时，电子管的可靠性很差，每天都会烧坏几个电子管，也会影响计算机的开机运行时间。后来，人们改进了电子管，配备冷却系统，如图 6-9 所示的大功率电子管。电子管会产生很大的功率，它会发热，如恩尼阿克电子计算机在发热后，电子管很容易烧坏，从而需要不停更换电子管。配备水冷系统的电子管，就是用水冷系统帮助它进行冷却。

图 6-9　20 世纪 60 年代产自英国（左）和 20 世纪 90 年代北京电子管厂生产（右）的配备水冷系统的大功率电子管（电子科技博物馆藏）

6.3 晶体管的产生与发展

20 世纪初，在贝尔获得电话专利近 30 年后，美国电话电报公司的客户虽然很多，超过了 200 万，却也陷入危机。当时，美国电话电报公司的客户主要集中在美国东北部地区，如何进行东西部地区的远距离电话通信是第一个问题；当贝尔的电话专利失效后，越来越多电话公司涌现，美国电话电报公司采取不配合其他公司的方式，拒绝其他公司使用自己的线路，导致许多用户不得不安装多部电话，这是第二个问题。1907 年，西奥多·牛顿·韦尔(Theodore Newton Vail)入主美国电话电报公司，试图力挽狂澜。他采取了三个措施：一是缓和公众形象；二是实施技术统一和标准兼容，即与小型电话公司合作，收购其他独立电话公司；三是将公司定位为技术领导者，从而凸显推崇技术创新的企业形象。这一套组合拳起到了良好效果。

在电话发明后的几十年中，工程师们持续在解决远距离电话传输的信号衰减问题，因为当时线路是直接传输的形式。他们使用铜线代替铁丝，在铜线中加入感线圈。后来还发明了中继器，在传输途中对信号进行机械放大，再进一步传输到下一段。虽然这些方法已经做到了极限，但是在 1909 年之前，电话信号最多能传输约 2 700 km 的距离，从东海岸电话通信到西海岸的计划还无法完成。

后来，真空三极管被用作中继器。1915 年，巴拿马-太平洋世博会举办时完成了东西海岸的电话连接。在纽约的贝尔与在旧金山的曾经的助手沃特森通话说：“沃特森先生，来这里，我需要你”。此次，他的助手只能回答道：“现在我需要一周的时间才能去你那里了”。

20 世纪 20 年代后，真空电子管在生活、生产中蓬勃发展。随着物理学的不断进展，人们对电话系统里关键零件的耐用性和经济性提出了更高要求。贝尔实验室的科学家们，在凯利的带领下，希望能够使用一些电子元件，只有电信号或者电脉冲才能在这些元件内工作，来代替机械结构的转换器和真空电子管的放大作用。随后，肖克利等从事固态物理研究的科学家正式登场。

一直到晶体管时代，电子管才逐渐被取代。

1948 年 6 月 30 日，美国贝尔实验室在总部召开新闻发布会，宣布半导体研究小组的肖克利、巴丁和布拉顿发明了晶体管(图 6-10)。当时宣布这一消息的是贝尔实验室研究总监拉尔夫·鲍恩(Ralph Bown)，他表示该器件叫作晶体管，是一种电阻器或者半导体器件，可以放大通过它传输的信号。这是世界上最早的实用半导体器件，肖克利、巴丁、和布拉顿三人也因此于 1956 年共同获得了诺贝尔物理学奖。

图 6-10 贝尔实验室的肖克利、巴丁和布拉顿发明了晶体管

早在 1945 年，肖克利和摩根就组建了固体物理研究小组，其中包括了巴丁、布拉顿等研究人员。1947 年 12 月 16 日，巴丁和布拉顿拿出一个小型装置，完成了利用半导体锗的放大器，用两根尖金属线插入一块银质的半导体材料中，这是一种点触型装置。然而，当时连巴丁和布拉顿也无法解释这一现象，他们继续开展实验。到 1947 年年底，当巴丁和布拉顿的工作进入尾声时，肖克利的复杂心情体现了出来，他为未过多参与其中感到遗憾——因为他不是发明者之一。肖克利苦思冥想，希望能做些工作来打破这一局面。终于，在 1948 年 1 月下旬，他提出了一套新的晶体管理论和设计方案，外观和功能都不同于同事们的研究。新的晶体管由两片 N 型锗和一片薄 P 型锗在中间夹起来，"N-P-N"就像三明治一样，它被称为结型晶体管。到 1948 年 2 月中旬，肖克利在一次实验室会议上提出了这一设计。所以，后来布拉顿对图 6-10 中肖克利在照片中的位置颇有微词，这些设备明明是自己和巴丁发明的，但拍摄出来看起来是肖克利发明的。最终，贝尔实验室对晶体管的发明采取了一种折中的方式，宣布整个小组发明了晶体管，但当时这并未引起大众的注意，因为它更多被看作是对真空电子管的替代。

肖克利，美国物理学家，出生在伦敦，成长在美国加州的帕罗奥托。他的父亲是一位矿业工程师，母亲毕业于斯坦福大学。因为与一位斯坦福教授是邻居，肖克利从小学习了许多物理知识。20 世纪 30 年代，他从加州理工学院获得学士学位，又从麻省理工学院获得博士学位。毕业后被当时真空管部门的负责人默文·凯利③(Mervin Kelly)招募，进入贝尔实验室，从事固体物理研究。第二次世界大战过后，他和摩根共同领导固态物理研究小组，目的在于找到替代真空电子管放大器的固态器件。他撰写了半导体著作《半导体中的电子和空穴》(*Electrons and Holes in Semiconductors*)，该书被每一位从事半导体领域研究的人员列为必读专著。

---

③ 默文·凯利，1928 年起担任贝尔实验室真空管主管，1936 年成为实验室研究总监，1951 年成为贝尔实验室总裁，一直担任该职位到 1958 年底。

巴丁作为一位理论物理学家，此时 39 岁。他成长在书香门第，父亲是威斯康辛大学医学院的院长。巴丁在 15 岁时便进入大学学习，获得电气工程硕士学位。在工作几年后，他于 1933 年进入普利斯顿大学攻读物理学博士。1945 年，巴丁进入贝尔实验室工作。1951 年，巴丁离开贝尔实验室，到伊利诺伊大学厄巴纳-香槟分校任教，从事超导研究。1972 年，巴丁因超导理论，再度获得诺贝尔物理学奖，成为在同一领域两次获诺贝尔奖的第一人。

布拉顿出生在中国厦门，成长在美国哥伦比亚河盆地的农场家庭，从小帮助他的父亲种植玉米和喂养牲畜。他进入惠特曼学院后，受到两位教授启发对物理产生了兴趣。研究生毕业后，于 1929 年进入贝尔实验室工作，之后便一直从事半导体研究，主要着手实验。后来，巴丁进入贝尔实验室工作后，布拉顿与他共享了办公室，两人成为好朋友。布拉顿在巴丁离开贝尔实验室后，也迅速离开固体物理小组，去实验室其他部门工作。

当时，晶体管并未引起市场注意。通用电气、飞科、美国无线电公司、珍妮诗等这些企业，依然继续生产电子管的收音机、电视机和其他电子设备。

1954 年，晶体管还只被承认为实验室仪器，仅应用在助听器和军事通信装备等少数应用上。不过，事情开始有了转机。德州仪器公司，一家小型、创新的企业，开始生产使用结型晶体管的便携式收音机，而且价格只需要 49. 95 美元。但令人奇怪的是，德州仪器很快放弃了这一市场，结果被一家当时名不见经传的日本小公司东京通信工业占领。

4 年过后，这家日本小公司更名为索尼。索尼公司的第一款晶体管收音机是 TR-55 型，随后 TR-63 型晶体管收音机打入美国市场，开创了消费微电子的新产业。美国年轻人都开始购买便携的晶体管收音机，这个产业的销量估计从 1955 年的 10 万台增长到 1968 年的 500 万台。“日本制造”在美国逐渐成为品质的代名词，也逐步打响日本企业的声誉。历史的车轮总是向前转动，20 世纪 60 年代，等到索尼开始生产晶体管电视机之时，美国企业已经失守了自己的市场。

而晶体管最大的价值，并不仅仅在于它直接取代了真空电子管，更在于它代表了新的电子元器件发展方向。通过微小电流控制晶体管的极短时间内的开与关，可以帮助人类用极小的力量，拨弄广袤的二进制所诠释的信息新世界。

6.4 集成电路的产生与发展

1956 年，肖克利离开贝尔实验室，在斯坦福大学教务长特曼的支持下，回到了儿时的家乡，来到加州圣塔克拉拉县的山景城，创建了肖克利半导体实验室股份公司。这是第一家研发硅半导体设备的公司。

靠着自身的才华和业界的影响，肖克利招募了一批年轻且富有才华的员工，包括戈登·摩尔(Gordon Moore，毕业于加州理工学院)、谢尔顿·罗伯茨(Sheldon Roberts，曾任职西电公司)、尤金·克莱顿(Eugene Heiner，曾任职西电公司)、罗伯特·诺伊斯(Robert Noyce，毕业于麻省理工学院)、维克多·格里尼克(Victor Grinich，曾任职斯坦福研究所)、朱利亚斯·布兰克(Julius Blank，曾任职固特异飞机公司)、琼·赫尔尼(Jean Hoerni，毕业于加州理工学院)、杰·拉斯特(Jay Last，毕业于麻省理工学院)等。

事与愿违，肖克利的确是一位才华横溢的物理学家，却难以担当睿智的管理者角色。这一点在贝尔实验室的晶体管研发过程中就有所显现。因为经营理念与他不符，这批年轻人最终一起离开了肖克利半导体实验股份公司。他们于1957年9月18日获得了费尔柴尔德公司(Fairchild)3 600美元的投资，创立了仙童半导体公司，这批年轻人被称为“硅谷八叛逆”。

在接下来的几十年，硅谷诞生了许多创业者，其中的大多数曾经在仙童半导体公司工作过或与仙童半导体公司有某种关联。

乔布斯曾评价说，仙童半导体公司就像成熟了的蒲公英，你一吹它，这种创业精神的种子就随风四处飘扬。

硅谷是美国重要的电子工业基地，最为知名的电子工业集中地。它所采用的“一流大学+中小公司群+大公司”的模式，融科学、技术、生产为一体。硅谷所生产的半导体集成电路和电子计算机，约占整个美国1/3和1/6，它是美国信息社会“最完美的范例”“世界微电子之乡”“高科技香格里拉”。同时，它的文化内涵又似最新版的西部探险和淘金传奇。

仙童半导体公司，在1958年将硅晶体管商业化，并在创业第三年，就达到年收入2 000万美元的良好业绩。晶体管具有体积小、开关快的特点，使得电子电路系统体积大大减小，效率大大提升。但随之而来不断增长的应用需求，加大了晶体管之间互联的难度。如何完成这些成千上万的晶体管之间的互联，成为新的难题。贝尔实验室提出，能否利用特殊半导体的物理特性，使其成为具备能同时完成多项电子任务的元件，从而减少元件之间的互联。

为了解决电子系统不断发展，计算机、雷达系统爆炸式增长，性能需求急速提高的“数字暴政”问题④，一大批科学家和科技公司前赴后继。两位发明家将此实现，德州仪器公司的基尔比和仙童半导体公司的诺伊斯，划破晶体管时代的天空，创造

④ 数字暴政，是20世纪60年代计算机工程师面临的一个问题。由于涉及的元件数量庞大，工程师们无法提高设计的性能。理论上，每个元件都需要与其他元件(或至少许多其他元件)连线，而且通常都是手工串线和焊接。为了提高性能，需要更多的元件，似乎未来的设计将几乎完全由布线组成。

了新型的半导体器件——集成电路。

1958 年，美国物理学家基尔比成功研制出集成电路，这是一块使用锗基材料的移相振荡器(图6-11)。1959 年3 月6 日，德州仪器公司将其正式发布。基尔比从伊利诺伊大学厄巴纳—香槟分校拿到电子工程学位后，进入业界工作，工作同时获得了威斯康辛麦迪逊大学的硕士学位。他于 1958 年进入德州仪器公司后，迅速获得成果。基尔比于 2000 年获得诺贝尔物理学奖，诺贝尔奖评审委员会给他的评价是“为现代信息技术奠定了基础”。

图 6-11　基尔比发明的第一块集成电路

其实，当时基尔比的想法非常直接、实际，就是利用硅材料来制造各种元件，再将各种元件连接成电路系统，并将单片集成到一块硅基上。基尔比曾说，包括许多电子电路的极端微型化的电路板块是能够实现的，这些包含电阻、电容、晶体管及二极管的电子电路可以被集成在一个微型硅片里。

仙童半导体公司，这家半导体先驱企业在发展之后一直在这个领域深耕。当得知德州仪器计划宣布研制出第一块集成电路后，诺伊斯立马向其他研发人员公布了自己原有的集成电路想法，并召集大家一起探讨进行专利保护。考虑到德州仪器肯定走单片集成路线，仙童半导体公司以平面工艺为基础，再加上互联技术，作为专利申请的核心。1959 年 8 月，仙童半导体公司在一次会议上宣布制造集成电路。1961 年，仙童半导体公司正式完成了第一批实用集成电路触发器的发布。

德州仪器和仙童半导体公司双方进行了一番专利之争后，最终在法庭外达成和解，授权对方使用自己的技术。即德州仪器公司允许仙童半导体公司使用不同元件的单片集成技术，仙童半导体公司允许德州仪器公司使用互联技术。

诺伊斯与摩尔创办了英特尔公司之后，硅集成电路便成为了主流。它可以把实现某种功能的电路所需的所有元件都放置在一块硅片上，这就相当于从平房到套房的转变。

戈登·摩尔也是当年“硅谷八叛逆”之一，与诺伊斯共同奔赴仙童半导体公司，后来共同创建英特尔公司。

他于 1965 年发表论文提出，集成电路上能被集成的晶体管数目，将会以每年翻一番的速度稳定增长，并在今后数十年内保持这种势头。

1975 年，摩尔对这一预测进行了修正，改为每两年翻一番。近 60 年来，基于这种推断的趋势，一直是半导体行业的黄金定律，也被称为摩尔定律。图 6-12 为摩尔定律预测的 1965 年后的趋势。

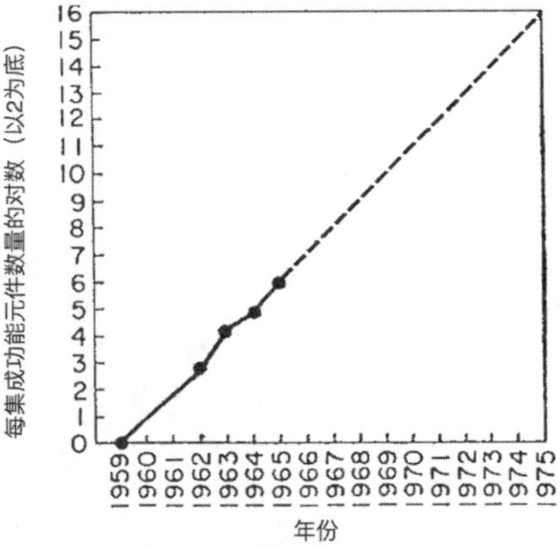

图 6-12　摩尔定律预测的 1965 年后的趋势

摩尔还有一句名言：在人类历史上，我们正在引导下一场伟大革命——向电子时代过渡。1996 年，英特尔公司与电子科技大学建立联合实验室，摩尔发来贺信（图 6-13），他说道：“我们非常高兴与电子科技大学合作，在计算机科学教育领域取得杰出的成就。”

图 6-13　电子科技大学与英特尔建立联合实验室时摩尔发来的贺信（电子科技博物馆藏）

在过去几十年中，摩尔定律发挥着功效，也不断面临着终结的挑战。

有人说，摩尔当年提出摩尔定律，预测得实在准确。实际情况是，整个集成电路产业链上的所有环节，都以此为目标，对集成电路的集成度不断发展着，摩尔定律实际是人类在勤劳与智慧下，对预期目标的圆满实现。

当今，集成电路行业已成为世界大国的命脉，代表了一个国家在工程方面的最高水平。它已经进入生产和生活，无处不在，让每个人都身处信息革命的第三次浪潮之中。

集成电路的制造工艺被称为“点砂成芯”，就是指芯片制造是从沙子到精密电路的复杂过程：首先将二氧化硅(沙子)高温熔炼提纯为多晶硅，再通过单晶炉拉制成单晶硅锭，切割抛光后得到晶圆；其次在晶圆上涂覆光刻胶，通过掩膜版和光学系统进行紫外光曝光，将电路图形转移到晶圆表面，再经过刻蚀形成三维结构；再次通过离子注入或扩散工艺掺杂硼、磷等元素，形成晶体管所需的 PN 结，之后反复沉积绝缘层和金属层，通过多层光刻和刻蚀构建立体互连结构；最后对晶圆进行电性能测试，切割成裸片并封装，最终形成具备特定功能的集成电路芯片。

集成电路本质就是沙子中的硅，之所以称为奇迹一点也不过分。不仅如此，集成电路的工艺也是人类工业史上的奇迹，其制造工艺以惊人的速度发展，表现在特征尺寸和晶圆片的尺寸上，而这又是衡量集成电路工艺水平的关键指标。

集成电路工艺中的光刻环节至关重要，其中实施光刻工艺的仪器为光刻机，被称作集成电路产业皇冠上的明珠。那么，光刻机是如何发展起来的？又有哪些知名厂商立足于此？

目前，光刻机领域的主要厂商是南阿斯麦、佳能和尼康等公司。但是，不得不承认的是荷兰公司阿斯麦一家独大，是全球市值最大的光刻机厂商，它在 2023 年的光刻机市场占有率达到 82.9%，是第二位佳能的八倍多，在 EUV 光刻机市场占有率更是达到 100%。其实，20 世纪 60 年代，美国地球物理公司便制造出第一台接触式光刻机，并成为当时的主流产品。在 1980 年之前，全球光刻机厂商主要是美国地球物理公司，其凭着步进制光刻机一家独大，仅仅一家便占有市场 90% 份额。尼康、佳能则是为美国地球物理公司提供配套光学镜头的公司，但它们在此过程中也学习了光刻技术。同一时期，光刻机厂商还有德国西门子公司。

20 世纪 90 年代开始，美国地球物理公司逐步衰落，佳能和尼康公司快速崛起。尼康公司崛起就是因为日本电子设备制造商，如日立、索尼、东芝等向它提供了许多订单，使它在 20 世纪 90 年代成为世界第一的光刻机制造商。佳能公司其实起步比较晚，但后来居上，其独特优势在于优良的光学系统、精密的机械技术，所以后来就很快地超过了美国地球物理公司。直到 1995 年，佳能和尼康两家公司的市场份额合起来占了 70% 到 75%。之后，阿斯麦公司凭着浸没式光刻技术和极紫外光(EUV)崛起。到了 2017 年，阿斯麦一家公司的市场份额便达到 84.5%。短短 20 年的发展，它就成为了“光刻巨人”。

阿斯麦成立于1984年，诞生于飞利浦公司的发源地——荷兰埃因霍温，其技术团队和管理团队也主要来自飞利浦公司。它所生产的EUV光刻机，与其说是它生产的，不如说是全球化的集成。EUV光刻机由全球700多家供应商提供8万多个零件，最后组装而成。其中，ASML负责整机设计与系统集成，德国蔡司提供精密光学镜头(误差不超过原子级别)，飞利浦则贡献了超精密运动控制技术(确保硅片移动精度达纳米级)，三家企业各自发挥核心优势，共同搭建起"整机-光学系统-运动台"的黄金三角架构。

1996年，33个国家签署了《瓦森纳协定》(*The Wassenaar Arrangement on Export Controls for Conventional Arms and Dual-Use Good and Technologies*)，即管制传统武器及军商两用货品的多边出口控制机制。中国被排除在该协定之外，所以无法购买最先进的光刻机。2000年后，随着新的协定和法案的陆续出台，中国的光刻技术持续面临"卡脖子"的困境。集成电路对国家的经济和政治具有十分重要的战略意义。

集成电路最初是为应对"数字暴政"而生，诞生后在计算机领域起到了重要作用。1964年第三代计算机诞生，国际商业机器公司(IBM)研发了第一台采用集成电路的通用计算机IBM 360，该系统兼顾科学计算和事务处理。1971年，英特尔研发了全球第一款微处理器4004，基于微处理器的微型计算机时代从此开始。1981年，IBM推出IBM 5150个人电脑(personal computer，PC)。个人电脑的出现，开创了人类的"硅文明时代"，开拓了电子器件微型化的新纪元。

在集成电路产业的发展中，张忠谋起到了革命性的推动作用。最初，集成电路行业的发展模式是IDM模式(industry design & manufacture)，就是一家企业对芯片首先要设计，设计好后再制造，如美国英特尔、韩国三星这样的巨型企业。张忠谋在成为德州仪器公司副总裁后，由于发展观念不一致，离开了德州仪器公司。他回到中国台湾，创建台湾积体电路制造股份有限公司(TSMC，简称"台积电")。他提出了把设计、制造、封装等工艺环节分开的模式，而台积电只做晶圆代工工艺，把设计交给半导体设计公司，由此台积电成为全球第一家专业的晶圆代工厂(Foundry)。而像英特尔、三星这些公司，既有自己的晶圆工厂，又有自己的设计公司，整体资产很重，发展周期也比较长。晶圆代工厂的出现，促进了越来越多半导体设计公司(Fabless)的诞生。起初，三星、英特尔等看不起这样的代工厂，但是专业代工厂制造的产品良品率高，成本大幅下降。所以，台积电就迅速地成为了世界集成电路行业最大的晶圆工厂，不断获得英特尔、德州仪器、意法半导体和摩托罗拉等公司的订单。张忠谋就是这样一位产业变革者，这一模式至今仍然在运行。

对中国集成电路产业起到巨大推动作用的，是中芯国际集成电路公司创始人张汝京。张汝京最初也任职于德州仪器公司。他在德州仪器公司工作的20多年里，在美国、日本、新加坡、意大利等国建了9个集成电路工厂，被称为集成电路产业的

"建厂高手"。后来，他父亲问他什么时候能回到中国，建一个集成电路工厂。受到父亲影响，他回到中国台湾建设了世大半导体公司，成为台湾当时晶圆代工厂中的第三大公司。但是，整体市场规模有限，台积电因此受到一定的威胁。2000 年左右，台积电就策划与世大半导体公司第一大股东联合，把世大半导体收购了，当时收购的价格是 50 亿美元。后来，张汝京用了 14.8 亿美元到上海张江高科技园，建了中芯国际集成电路公司，带动了中国集成电路制造的起步。但是，台积电持续不断与中芯国际发生知识产权争端，打了很多次官司，最后，张汝京也是不得不遗憾地辞去中芯国际总裁等职务，离开公司。但他依然没有放弃，又陆续在上海、青岛建立半导体公司。在不断发展的中国"芯"征程中，张汝京被誉为"中国半导体教父"。

6.5 中国集成电路的发展

中国的半导体事业是如何发展起来的呢?

1956 年，中国制定了《1956—1967 年科学技术发展远景规划》，这是新中国第一个中长期科技规划，将半导体、无线电、自动化、计算机技术列为四项紧急措施。由此，在黄昆、谢希德和林兰英等老一辈开拓者的带领下，中国开始了自己的半导体研究。

黄昆是中国半导体物理的奠基人。20 世纪四五十年代，前往在英国留学，他的导师莫特是当时的固体物理学家，莫特后来在 20 世纪 70 年代获得了诺贝尔奖。后来，他又碰到了另外一个老师，也是他的朋友波恩，波恩于 20 世纪 50 年代获得诺贝尔奖。当时波恩正在写一个晶格动力学理论，商量好两人一起写，该书出版后成为固体物理学的总方向标。20 世纪 50 年代，为响应国家的号召，黄昆毅然回国。1955 年，年仅 36 岁的黄昆就当选为中国科学院学部委员，是当时所有委员中最年轻的一名。

谢希德于 1949 年进入麻省理工学院攻读理论物理，获得博士学位后，从英国绕道回到中国。1956 年，她到北大与黄昆共同筹建半导体专业。后来，回到复旦大学从事研究，曾担任过复旦大学校长。

林兰英于 1955 年获得宾夕法尼亚大学固体物理学博士学位，是该校建校以来第一位获得博士学位的中国人，也是该校第一位女博士。毕业后，她前往希尔瓦尼亚公司工作，为该公司成功拉出第一根单晶硅碇作出重要贡献。1957 年，林兰英经香港回到北京。她先后研制出中国第一根硅单晶，设计加工了中国第一台硅单晶炉。

在建国初期，还有王守武、汤定元、洪朝生、高鼎三、黄敞等一批海外学有所成的科学家陆续回国，成为中国半导体领域攀登的先锋。

高等教育部决定自 1956 年暑假起，将北大、复旦、南大、厦大和东北人民大学

（后改名为吉林大学）的物理系部分教师和学生集中到北京大学物理系，建立我国第一个半导体专业化培训班。同年，北京大学创建了我国第一个半导体物理专业，由黄昆任半导体教研室主任，谢希德任教研室副主任。他们俩出版了《半导体物理学》一书，是中国半导体领域的第一部系统性著作，至今仍是半导体领域的经典教材。

在1956年至1958年两年的培养中，300多名青年科技工作者得以成长起来，不少人后来成为我国半导体领域发展的中坚力量，如中国科学院士王阳元（北京大学微电子所所长），中国工程院院士许居衍（华晶集团中央研究院院长）、电子工业部总工程师俞忠钰（微电子专家）等人。

中国早期的半导体产品主要用于航空、航天、导弹、雷达、国防通信、国防电子计算机等领域，而民用产品则以收音机为代表。1957年，北京电子管厂拉出锗单晶，同年又研制出锗晶体管。1958年，中国科学院的王守武、王守觉兄弟研制出我国第一批锗合金高频晶体管，并成功应用在109厂的109乙计算机上。1959年9月，天津市601试验所（中国电科46所前身）成功拉出中国首颗硅单晶；李志坚在清华大学拉出高纯度多晶硅。1968年，国防科学技术委员会在四川永川县（现为重庆市永川区）成立固体电路研究所（即永川半导体研究所，现中电24所），是中国唯一的模拟集成电路研究所。20世纪70年代，永川半导体研究所、上海无线电14厂和北京878厂相继研制成功NMOS电路，之后又研制成CMOS电路。1972年，我国自主研制的大规模集成电路在四川永川半导体研究所诞生，实现了从中小集成电路发展到大规模集成电路的跨越。1975年，北京大学物理系半导体研究小组，由王阳元等人设计出我国第一批三种类型的（硅栅NMOS、硅栅PMOS、铝栅NMOS）1 K动态随机存储器（DRAM）。1976年11月，中国科学院计算所研制成功1 000万次大型电子计算机，所使用的电路为中国科学院109厂（现中国科学院微电子中心）研制的ECL型（发射极耦合逻辑）电路。1978年10月，中国科学院成立半导体研究所，由王守武领导研制4 K DRAM。

尽管白手起家、道路坎坷，但是老一辈的科学家仍以其坚韧不拔的精神，努力为中国集成电路发展打下基础。他们的成果闪耀着智慧的光芒，彰显着探索的勇气，这是后来中国大陆集成电路发展的起点。

1982年，国务院成立了以万里副总理为组长的电子计算机和大规模集成电路领导小组，制定了发展中国集成电路的规划，提出“六五”期间要对半导体工业进行技术改造。

1983年，国务院大规模集成电路领导小组提出“治散治乱”“建立南北两个基地和一个点”的措施，其中北方基地主要指北京、天津和沈阳，南方基地主要指上海、江苏和浙江，一个点是指为航天工业配套的西安。1983年7月，国务院发出“关于抓紧研制重大技术装备的决定”（国发〔1983〕110号），其中包括制造大规模集成电路的成套装备。

1986 年，电子工业部在厦门举办集成电路战略研讨会，提出“七五”期间我国集成电路技术“531 战略”，即普及 5 微米技术、研发 3 微米技术，攻关 1 微米技术，并出台了集成电路“七五”行业规划（1986—1990 年），在上海和北京建设南北两个微电子基地。1985 年，742 厂⑤试制出中国第一块 64 K DRAM。1986 年，中国第一个 65 K DRAM 正式宣告研制成功。1988 年，上海市仪表局与上海贝尔公司合资设立上海贝岭微电子制造有限公司，这是国内集成电路产业的第一家中外合资企业，建成中国大陆第一条 4 英寸芯片生产线。同年，中荷合资成立上海飞利浦半导体公司，即后来的上海先进半导体制造股份有限公司。1989 年 8 月 8 日，742 厂和永川半导体研究所无锡分所合并，成立了中国华晶电子集团公司。

在邻国产业发展经验启示下，国家计委和机电部于 1990 年 8 月在北京联合召开了座谈会。1992 年，国务院决定实施 908 工程。908 工程为中国发展集成电路的第八个五年计划，集中投资 20 多亿元。其主体承担企业是无锡华晶电子集团，目标是建成一条月产 1.2 万片、6 英寸、0.8 ~ 1.2 μm 的芯片生产线。但是，908 工程因为审批时间过长，光是“可行性研究报告”就审批了 5 年。到 1997 年建成时，整个工程已经花了 7 年时间，其技术水平已经远远落后于国际主流技术，成为投产即落后的反面案例。

在 20 世纪 90 年代初期，中国集成电路行业也有一定发展。1992 年，熊猫 EDA 软件正式发布。熊猫 EDA 是当时的中国为了突破巴黎统筹委员会对中国的禁运而兴起的项目。该项目的面世填补了中国这一领域的长期空白，是中国第一套具有自主知识产权的 EDA 系统，打破了国外对我国 EDA 技术的长期封锁。1993 年，无锡华晶电子集团采用 2.5 μm 工艺制造出了第一块 256 K DRAM。

集成电路产业的发展并非一朝一夕之功。从造不如买到准备引进、消化、吸收、创新，908 工程迈出了关键一步。它虽然并不完美，但也让中国芯片从业人员在挫折中汲取了教训和经验。这些经验在后续的中国“芯”特大工程——909 工程中起到重要作用。

1995 年，原电子工业部向国务院提交了《关于“九五”期间加快我国集成电路产业发展的报告》，党和国家领导人对集成电路发展给予了支持。此后，909 工程确定实施，落地上海，由国务院和上海市财政按 6∶4 出资，共拨款 40 亿元人民币开始建设。

---

⑤ 742 厂建于 1960 年，位于无锡，原名江南无线电器材厂。1963 年，被国家第四机械部收归国有，更名为国营江南无线电器材厂（代号“国营 742 厂”）。随后，改为华晶公司。现已成为华润微电子有限公司。

1996 年，国务院决定，由中央财政再增加拨款 1 亿美元。这一年，上海华虹微电子正式成立，时任电子工业部部长的胡启立以 66 岁的年龄，兼任华虹集团董事长，直接主持“909 工程”。1997 年，中国的华虹公司与日本的 NEC 公司正式合作，建立华虹 NEC 电子有限公司。1999 年，华虹 NEC 浦东新厂正式建成，中国第一条 8 英寸 0.35 μm 生产线投产，规模达到月产 2 万片。909 工程最终完成了盈利的目标。

909 工程所提出的发展集成电路设计行业的思路，成为中国自主创新道路上的新起点，带动了产业发展所需的理念、人才、设备积淀，也为后来海外集成电路制造商在中国大陆的投资作了铺垫。

从 20 世纪 50 年代到 90 年代，中国的半导体事业不断发展，但也遇到挫折。20 世纪 50 年代，集成电路诞生不久，各国都在探索，技术水准相差不大。20 世纪 60 年代，各国技术水平也就相差几年，年产 100 万块时，中国的技术水平与美国相差了大约 6 年时间。但是，在年产 1 000 万块时，就差了 10 年；年产 1 亿块时，差了 20 年；到年产 6 亿块时，差了 20 多年，差距逐渐拉大。

经历 531 战略、908 工程、909 工程，中国的集成电路产业展开布局，逐步赶上，不断积累经验。后来，时任电子工业部部长的胡启立，对中国集成电路产业总结三点经验：①引进不是目的，要发展自己，为我所用，自主创新；②坚持市场导向，避免淘汰出局；③人才中坚，抓住人才这个发展的核心。

应该说，中国集成电路产业的“芯”路历程，充满了跌宕起伏的开拓与实践。这些艰辛的实践，也证实着关键核心技术是要不来、买不来、讨不来的。电子科技，尤其是集成电路产业，必须依靠勇于创新、市场导向和人才自立自强。

2000 年，《国务院关于印发鼓励软件产业和集成电路产业发展若干政策的通知》(国发〔2000〕18 号)印发，其中提到“软件产业和集成电路产业作为信息产业的核心和国民经济信息化的基础，越来越受到世界各国的高度重视。我国拥有发展软件产业和集成电路产业最重要的人力、智力资源，在面对加入世界贸易组织的形势下，通过制定鼓励政策，加快软件产业和集成电路产业发展，是一项紧迫而长期的任务，意义十分重大。”

2001 年，《集成电路布图设计保护条例》《集成电路布图设计保护条例实施细则》发布，由此保护集成电路布图设计专有权的知识产权保护措施也已出台。

2002 年，信息产业部、国家税务总局下发《集成电路设计企业及产品认定管理办法》(信部联产〔2002〕86 号)，规定了集成电路设计企业认定、集成电路产品认定的原则、条件、审批程序等，明确了集成电路设计企业和集成电路产品享受国务院《鼓励软件产业和集成电路产业发展的若干政策》的审定办法和认定程序。这一年，更多鼓励软件产业和集成电路产业的政策规定出台，支持集成电路发展的税收政策不断完善。

2000 年 4 月，张汝京与王阳元等人一道，带领着 300 多位台湾同胞和 100 多位来自欧美日韩等地的同事和朋友组成的团队，在上海创办中芯国际集成电路制造(上海)有限公司。该公司作为国内规模最大、技术最先进的制造企业之一，在北京、上海、深圳、天津，以及意大利的一些城市拥有生产 8 英寸和 12 英寸的晶圆厂，率先在中国大陆进行 14 μm 工艺技术的研发。

加入世界贸易组织(WTO)后，国际化视野、专业化运作的理念在中国的半导体行业越来越深入人心。2001 年，方舟、中星微、展讯三家公司开启了成长、突围的新征程。这一年，倪光南与方舟科技公司合作研发了“方舟一号”处理器；中星微公司自主开发主攻笔记本电脑摄像头的数字多媒体芯片“星光一号”；胡伟武带着师生成立了“龙芯”课题组，开始了国产化处理器开发的新路径，次年采用 MIPS 指令集的 32 位微处理器的“龙芯一号”在中国科学院计算技术研究所问世。

“十一五”期间的一系列政策措施进一步明确了集成电路产业发展的战略定位。2006 年，《国民经济和社会发展第十一个五年(2006 年—2010 年)规划纲要》发布，提出要大力发展集成电路、软件和新型元器件等核心产业。同年，由中共中央办公厅、国务院发布的《2006—2020 年国家信息化发展战略》提出要加强政府引导，突破集成电路、软件、关键电子元器件等基础产业的发展瓶颈，提高在全球产业链中的地位。

2009 年《电子信息产业调整和振兴规划》提出要完善集成电路产业体系：完善集成电路设计支撑服务体系，促进产业集聚；引导芯片设计企业与整机制造企业加强合作，依靠整机升级扩大国内有效需求；实现部分专用设备的产业化应用，形成较为先进完整的集成电路产业链。

2010 年《国务院关于加快培育和发展战略性新兴产业的决定》(国发〔2010〕32 号)将新一代信息技术作为战略性新兴产业之一，提出要着力发展集成电路、新型显示、高端软件等核心基础产业。

2011 年出台的《国务院关于印发进一步鼓励软件产业和集成电路产业发展若干政策的通知》(国发〔2011〕4 号)、《国务院关于印发工业转型升级规划(2011—2015 年)的通知》(国发〔2011〕47 号)，2012 年出台的《集成电路产业“十二五”发展规划》、《财政部国家税务总局关于进一步鼓励软件产业和集成电路产业发展企业所得税政策的通知》(财税〔2012〕27 号)，以及 2013 年出台的《国务院关于促进信息消费扩大内需的若干意见》(国发〔2013〕32 号)都进一步明确了集成电路发展的重要意义和鼓励措施。2013 年，中国大陆的集成电路进口额已达 2 312 亿美元，超过石油成为第一大进口商品，集成电路产业的战略意义进一步凸显。

我国半导体产业的发展历程与发达国家地区的芯片行业发展历程都表明，与市场机制同样重要的是国家意志的支撑、协同创新的同心聚力、久久为功的坚实积淀，这些才使芯片行业具有持续的生命力和影响力。

思考

1. 电子元器件的发展有哪些可能趋势，试结合一个实际案例进行说明。

2. 尝试归纳“硅谷”成功的原因，并根据自己的了解分析全世界哪些国家的哪些城市的哪些区域可能成为“类硅谷”区域。

本章参考文献

[1] BIRD J. Electrical and electronic principles and technology[M]. 2nd ed. London: Newnes, 2003.

[2] GREENGARD S. ENIAC turns 75[Z/OL]. Communications of the ACM, 2021.

[3] RIORDAN M, HODDESON L. Crystal fire: the invention of the transistor and the birth of the information age [M]. New York: W. W. Norton & Company, 1998.

[4] MOORE G E. Cramming more components onto integrated circuits[J]. Proceedings of the IEEE, 1998, 86(1): 82-85.

[5] INTEL. Moore's law: the past, present and future of Gordon Moore's golden rule for the semiconductor industry[Z/OL]. 2023.

[6] INVESTMENTS K. ASML: still dominant in the lithography market[Z/OL]. Seeking Alpha, 2023.

[7] 瑞尼 · 雷吉梅克. 光刻巨人: ASML 崛起之路[M]. 北京: 人民邮电出版社, 2020.

[8] SECRETARIAT W A. The Wassenaar Arrangement on Export Controls for Conventional Arms and Dual-Use Goods and Technologies[Z/OL]. Hague: Wassenaar Arrangement Secretariat, 1996.

[9] 新华社. 新中国档案: 我国制定《1956-1967 年科学技术发展远景规划》[Z/OL]. 北京: 中华人民共和国中央人民政府, 2009.

[10] 原国家发展计划委员会, 原国家计划委员会. 中华人民共和国国民经济和社会发展“九五”计划和 2010 年远景目标纲要[Z/OL]. 北京: 中华人民共和国, 1996: 20.

第七章　电子计算机史

7.1　计算机概述

计算机已经无缝融入我们的生产生活中。

那么，什么是计算机?

computer 是计算机的英文。要了解什么是计算机从某个程度，可以从这个单词的解释中进行分析。Computer 是指 one employed in a subordinate position in a public or private office, shop, warehouse, etc. 意思是在公共或私有的办公室、商店、仓库等，被雇用的一个工种，这个工种是进行计算(compute)工作的。

随着科学技术的发展，计算工作可以逐渐被机器设备代替。这些机器设备接收和存储相应的信息，按照约定的内部程序，进行计算、加工、处理，最后输出人们所需要的结果。所以，现在的计算机，实质是一种信息处理机。

按照原理分类，计算机大致可分为数字式计算机、模拟式计算机和混合式计算机；按照用途分类，计算机可分为通用计算机和专用计算机。还可以从计算性能来分类，计算机可分为巨型机(supercomputer)、大型机(main frame)、迷你机(minicomputer)和微型计算机(microcomputer)。在 20 世纪 90 年代，计算机在国内刚兴起之时，传播最普遍的即是微型计算机，那时简称"微机"。

7.2　早期记数和计算机

人类最初用手指计算。人有两只手、十根手指头，所以，人们自然而然地习惯于运用十进制标记。用手指头计算固然方便，但不能存储计算结果，于是人们用石头、木棒、刻痕或结绳来延长自己的记忆能力。后来，贸易日盛，石头、木棒等已不能满足人们的需求。公元前 770 年左右，中国人已发明算筹，8 世纪发展为成熟的算盘体系。

到了 16 世纪，随着航海探索新大陆的兴起，数学得到发展，数学计算中对数和三角函数的使用变得越来越广泛。许多表格(如航海表、星表、保险精算表、土木工程参数表)的计算，需要专业的从业者进行演算，这些表格在实际应用中发挥了关键的数据映射功能。

随着商业和航海的发展，在天文学和数学领域，不断出现复杂的计算问题，更多的数学家们投入到计算工具的发展之中。

1642 年，法国数学家、物理学家布莱兹·帕斯卡(Blaise Pascal)，发明了第一台机械式加法器(图 7-1)，它解决了自动进位这一关键问题。帕斯卡在 12 岁时，便在墙上写出了独立的证明，证明了三角形的内角之总和等于两个直角之和。他的父亲最初做法官，后来成为税务官。19 岁时，为了减轻父亲重复的计算压力，帕斯卡独立制造了一台可运算加减法的计算器。

后来，有一种结构化的计算机编程语言，还以帕斯卡的名字命名为 pascal。

图 7-1 帕斯卡自动进位加减法计算装置(德国德累斯顿国家艺术收藏馆藏)

1674 年，德国数学家、哲学家戈特弗里德·威廉莱布尼茨(Gottfried Wilhelm Leibniz)，设计完成了乘法自动计算机(图 7-2)。莱布尼茨不仅发明了手动的可进行完整四则运算的通用计算机，还提出了可以用机械替代人进行烦琐重复的计算工作这一重要思想。莱布尼茨和牛顿分别发明了微积分，形成了数学史上的重大争论，现在使用的微积分符号是由莱布尼茨提出的。莱布尼茨的阶梯式推算器的核心，在于他发明了一个巧妙的机械结构，被称为莱布尼茨轮，这个结构实现了运算的进位。

曾有人误解说，莱布尼茨受中国《周易》的启发，发明了二进制。这个说法实际有误。实际情况是，1679 年莱布尼茨便发明了一种计算方法，用二进制代替之前的十进制，即只用0和1进行计算。他于1701年写信告知了在中国的神父，神父觉得很惊讶，认为这种二进制计数系统，与《周易》中的符号系统类似。1703年，莱布尼茨在巴黎科学院发表论文，公布了此事。所以，莱布尼茨提出二进制的过程其实是独立的。

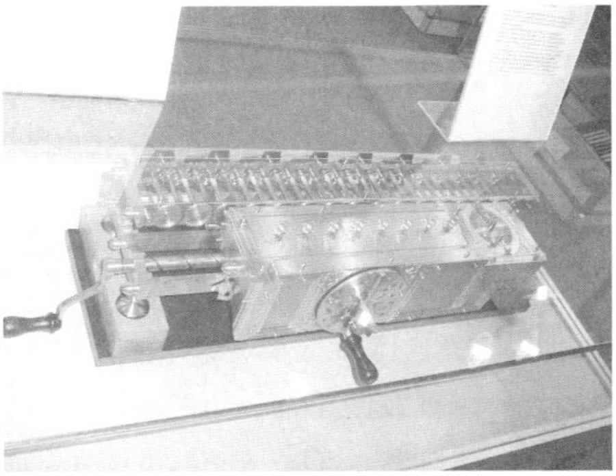

图7-2　后人复原的莱布尼茨的阶梯式推算器(德国德意志博物馆藏)

英国数学家、发明家查尔斯·巴贝奇(Charles Babbage)，出生在伦敦的一个富有的银行家家庭。20岁时，他前往剑桥大学三一学院主修数学，年仅25岁便进入英国皇家学会。1822年，巴贝奇设计了一台差分机，目的在于利用机器代替人来编制数表。他与工匠合作开始制造这台设备，预计需要造25 000多个零件，据说最高可存储16位数。但是，由于边做边改，经过长达十年的努力也未能将此设备完全设计好，只完成了1/7，耗费政府17 500英镑。1834年，他又完成了分析机的设计方案，它在差分机的基础上做了较大的改进，不仅可以作数字运算，还可以作逻辑运算，可以实现“条件判断”“循环控制”等编程概念。分析机的设计思想已具有现代计算机的概念，但受限当时的技术水准，未能被制造出来。1849年，巴贝奇又完成了差分机2号的设计，可以实现更高的精度，达到31位数，可是这台机械也未能在他有生之年实现。图7-3为英国科学博物馆复原的差分机2号部件。

图7-3　差分机2号的部件(英国科学博物馆复原)

后来，英国科学博物馆在1985年到2002年期间，对差分机2号进行了复原，最终用4 000个部件重达2 500 kg，完成了差分机2号的整机，见图7-4。

图7-4　差分机2号的整机(英国科学博物馆复原)

2008年，在前微软首席技术官内森·米沃尔德(Nathan Myhrvol)的资助下，英国科学博物馆完成了一个新版本的差分机2号复原。米沃尔德曾经在剑桥大学做过1年博士后研究，合作导师是斯蒂芬·霍金(Stephen Howking)。复原完成后，米沃尔德将这台差分机2号(图7-5)放置于位于美国旧金山硅谷的计算机历史博物馆。

图7-5　英国科学博物馆复原的新版本的差分机2号(美国计算机历史博物馆藏)

1938年，德国科学家康拉德·恩斯特·奥托·楚泽(Konrad Ernst Otto Zuse)成功制造了第一台二进制Z-1型计算机，此后他又研制了Z系列计算机。其中，Z-3型计算机是全世界第一台通用程序控制机电式计算机，它不仅全部采用继电器，而且采用了浮点记数法、带数字存储地址的指令形式等。

1944年，美国物理学家霍华德·海撒威·艾肯(Howard Hathaway Aiken)成功设计了一台机电式计算机，它被命名为自动顺序控制计算器MARK-Ⅰ(图7-6)。其实，这台计算机是IBM的老板沃森与艾肯在哈佛合作共同研制的。设计由艾肯完成，制造由IBM完成，MARK-Ⅰ至今仍存放在哈佛大学。在该计算机研制成功时，有人说“巴贝奇的梦想实现了”。

图 7-6 MARK-Ⅰ型计算机(哈佛大学藏)

后来，这一研究进程被第二次世界大战耽误，艾肯被任命为海军计算机项目的负责人。1947 年，艾肯又研制出运算速度更快的机电式计算机 MARK-Ⅱ。到 1949 年，由于当时电子管技术已取得重大进步，艾肯又研制出采用电子管的计算机 MARK-Ⅲ。

从此，在计算机技术上存在着两条发展道路：一条是利用各种台式机械和较大机械式计算机的发展道路，另一条是采用继电器作为计算机电路元件的发展道路。后来，建立在电子管、晶体管等电子元件基础上的计算机，正是受益于这两条发展道路。

7.3 电子管计算机的产生与发展

全世界第一台通用电子计算机恩尼阿克，诞生于 1946 年 2 月 14 日的美国宾夕法尼亚大学，并于次日正式对外公布。

恩尼阿克长 30.48 m，宽 6 m，高 2.4 m，占地面积约 170 m^2，有 30 个操作台，重达 30 吨，功率 174 KW，造价 48 万美元。它包含了 17 468 根真空管、7 200 根水晶二极管、1 500 个中转、70 000 个电阻器、10 000 个电容器、1 500 个继电器、6 000 多个开关，每秒执行 5 000 次加法运算或 400 次乘法运算，是继电器计算机的 1 000 倍、手工计算的 20 万倍。

研制全电子计算机的想法，产生于第二次世界大战期间。当时，各国的武器装备还很差，占主要地位的战略武器是飞机和大炮。因此，研制和开发新型大炮和导弹就显得十分必要和迫切。尤其是，对大炮和导弹的弹道的计算和研究，可以帮助实现精准打击。为此，美国陆军军械部在马里兰州设立阿伯丁试验场。阿伯丁试验场自 1917 年设立以来，一直是美国历史悠久的陆军常规武器测试基地。

美国军方要求该实验室每天为陆军炮弹部队提供 6 张射表，以便对导弹的研制进行技术鉴定。区区 6 张射表，它们所需的工作量却大得惊人。事实上，每张射表都要计算几百条弹道，而每条弹道的数学模型是一组非常复杂的非线性方程组。这些方程组是没有办法求出准确解的，因此只能用数值方法近似地进行计算。计算压力巨大，美军召集了200位计算人员和机电式计算机对弹道进行计算。

最后，还是恩尼阿克这个大家伙帮了大忙。

恩尼阿克这个庞然大物能做什么呢？它每秒能进行5 000次加法运算(据测算，人最快的运算速度每秒仅5次加法运算)或者每秒400次乘法运算。它还能进行平方和立方运算，计算正弦和余弦等三角函数的值及其他一些更复杂的运算。

以现在的眼光来看，这样的速度显得微不足道，但这在当时可是很了不起的成就。原来需要20多分钟时间才能计算出来的一条弹道，现在只要短短的30秒。这极大缓解了当时极为严重的计算速度大大落后于实际计算需求的问题。恩尼阿克宣告了一个新时代的开始。从此，科学计算的大门也被打开了。

但是，即使在当时看来，恩尼阿克也有不少缺点，这是由所用电子元器件的特点和其结构特点决定的。除了体积大、耗电多以外，由于机器运行产生的高热量使电子管很容易损坏，只要有一个电子管损坏，整台机器就不能正常运转。于是，技术人员就得从1.8万多个电子管中找出哪个是损坏的，再换上新的，过程非常麻烦。

众所周知，美国赢得第二次世界大战的关键之一是“曼哈顿计划”。而这一计划的核心顾问之一匈牙利裔美籍数学家、计算机科学家约翰·冯·诺依曼(John von Neumann)对恩尼阿克的改进，也作出了巨大贡献。否则，现代计算机系统的结构也不会被称为“冯·诺依曼结构”。

冯·诺依曼在某次出差时，在火车上遇见了恩尼阿克的两位工程师。那时，冯·诺依曼早已负有盛名，工程师遇见他后，跟他聊起了正在主导的恩尼阿克计算机项目。冯·诺依曼表面不动声色，内心早已被这样的描述和想象的场景掀起了波澜。为了不暴露“曼哈顿计划”，以及他内心自己可以解决问题的喜悦。他在下了火车的当晚，按照回忆重写了恩尼阿克的结构，而且还在原来的结构基础上进行了改进。将十进制的恩尼阿克方案改进，提出了存储程序通用电子计算机方案(EDVAC)的报告，有助于解决恩尼阿克没有存储器、用布线接板的问题。这个报告对许多关键性问题作出了解答，促进了电子计算机的顺利问世。在这份报告中，他提出了独立运算器、控制器、存储器、输入和输出设备的构想，还提出了超越恩尼阿克的二进制、存储程序的思维。其中，二进制的提出和设计，更加符合电子电路的开、关特性，大幅提升了逻辑判定的效率。

恩尼阿克诞生后短短的几十年间，计算机的发展突飞猛进。主要电子器件相继使用了真空电子管，晶体管，以及中小规模集成电路和大规模、超大规模集成电路，引起计算机的几次更新换代。每一次更新换代都使计算机的体积和耗电量大大减小，功能大大增强，应用领域进一步拓宽。特别是英特尔研发出微处理器4004，使得体积小、价格低、功能强的微型计算机成为可能，更使得计算机迅速普及，进入了办公室和家庭，在办公室自动化和多媒体应用方面发挥了很大的作用。目前，对计算机的应用已扩展到社会的各个领域。

电子管计算机是第一代计算机，这一阶段计算机的主要特征是采用电子管作基本元器件，用光屏管或汞延时电路作存储器，输入与输出主要采用穿孔卡片或纸带，体积大、耗电量大、速度慢、存储容量小、可靠性差、维护困难且价格昂贵。在软件上，它通常使用机器语言或者汇编语言，来编写应用程序。因此，这一代的计算机主要用于科学计算。

这时，计算机的基本线路是采用电子管结构，程序从人工手编的机器指令程序，过渡到符号语言，第一代电子计算机是计算工具革命性发展的开始，它所采用的二进位制与存储程序等基本技术思想，奠定了现代电子计算机的技术基础。

冯·诺依曼出生于匈牙利，是美籍犹太人数学家，现代计算机创始人之一，被称为“计算机之父”和“博弈论之父”。他在计算机科学、经济学、物理学中的量子力学及几乎所有数学领域，都作出过重大贡献。1930 年，他前往美国，后入美国籍，历任普林斯顿大学、普林斯顿高级研究所教授，美国原子能委员会会员，美国科学院院士。早期以算子理论、量子理论、集合论等方面的研究闻名，开创了冯·诺依曼代数。第二次世界大战期间，为第一颗原子弹的研制作出了贡献，为研制电子数学计算机提供了基础性的方案。

1945 年，冯·诺依曼首先提出了存储程序的概念和二进制原理，后来，人们把利用这种概念和原理设计的电子计算机系统，统称为“冯·诺依曼型结构”计算机。“冯·诺依曼型结构的”计算机的处理器，使用同一个存储器，经由同一个总线传输。

从 20 世纪初开始，物理学和电子学科学家们就在争论制造可以进行数值计算的机器应该采用什么样的结构。人们被十进制这个人类习惯的计数方法所困扰。所以，那时以研制模拟计算机的呼声更为响亮和有力。冯·诺依曼大胆地提出，抛弃十进制，采用二进制作为数字计算机的数制基础。同时，他还提出预先编制计算程序，然后由计算机按照人们事前制定的计算顺序来执行数值计算工作。所以，他的要点是数字计算机的数制采用二进制、计算机应该按照程序顺序执行。

人们把冯·诺依曼的这个理论称为冯·诺依曼体系。从 EDVAC 到当前最先进的计算机，都采用的是冯·诺依曼体系。所以，冯·诺依曼被称为“数字计算机之父”。

但当所有人都歌颂冯·诺依曼的天才时，他却说，其实这个灵感之前在图灵的论文中已经提到过。

阿兰·麦席森·图灵（Alan Mathison Turing）是英国数学家、逻辑学家，被称为“计算机科学之父”“人工智能之父”。

图灵热爱跑马拉松。曾经在 1946 年的一场比赛中，以 6 秒之差惜败 1948 年伦敦奥运的 5 000 m 国家队选手。图灵 21 岁从剑桥大学国王学院毕业，并获得数学系最高荣誉。之后，他前往了美国普林斯顿读博，主修数学逻辑。图灵在剑桥时，证明了一个问题，仅仅比数学家邱奇晚了几个月，但图灵的方法更直观和易于理解。所以，他在剑桥的导师认为，图灵不如去邱奇那里读博，继续学习。1936 年至 1938 年，图灵在普林斯顿度过博士生涯。

1939 年，图灵回到剑桥。原本想开一门课，后来发现一位叫路德维希・约瑟夫・约翰・维特根斯坦(Ludwig Josef Johann Wittgenstein)的老师已经开了这门课。后来，图灵把自己的课取消了，去听维特根斯坦的课。平时两个人总争论得不可开交，但有一次维特根斯坦发现图灵没来听课，便说这节课不讲了，因为图灵没来。

维特根斯坦被誉为"21 世纪最伟大的哲学家"。他的导师是摩尔，他的学士论文是在与老师的散步中边讨论，由摩尔教授边记下来的。他的博士论文《逻辑哲学导论》，是在第一次世界大战时的战营里写的，只有几万字。后来，因找不到合适的出版社出版，罗素鼓起勇气做了总策划人，还写了序。出版时，维特根斯坦却说他根本没读懂自己的论文。

随着第二次世界大战打响，图灵被征召进入布莱切利公园，对敌军的信息进行破解，主要针对德军使用的 Enigma 密码机进行解密。他和韦尔奇曼(Welchman)合作，在波兰战前研制的机器的基础上，于 1940 年研制出了图灵-韦尔奇曼爆炸机。在这一研究中，他们利用计算机器，完成大工作量的重复计算过程。该研究在破译截获的编码信息方面发挥了关键作用，包括诺曼底登陆等，帮助盟军在多场重要战役中击败纳粹。

在战争结束后，图灵到曼彻斯特大学任教。1950 年，他在发表的论文《计算机器与智能》(*Computing Machinery and Intelligence*)中，提出了在人工智能领域家喻户晓的"图灵测试(the turing test)"，他将此定义为"模仿游戏"(the imitation game)。如果一个人(代号 C)使用测试对象皆理解的语言，去询问两个他不能看见的对象任意一串问题。对象为一个具有正常思维的人(代号 B)和一台机器(代号 A)。如果经过若干询问以后，C 不能得出实质的区别来分辨 A 与 B 的不同，则此机器 A 通过图灵测试。我们就说这台机器是"智能"的。

阅读材料

图灵机模型

1936 年，图灵提出了一种抽象的计算模型——图灵机(turing machine)。图灵的基本思想是，用机器来模拟人们用纸笔进行数学运算的过程。他把这样的过程看作两种简单的动作：①在纸上写上或擦除某个符号；②把注意力从纸的一个位置移动到另一个位置。而在每个阶段，人要决定下一步的动作，依赖于此人当前所关注的纸上某个位置的符号和此人当前思维的状态。

为了模拟人的这种运算过程，图灵构造出一台假想的机器，该机器由以下几个部分组成。

①一条无限长的纸带(TAPE)。纸带被划分为一个接一个的小格子，每个格子上包含一个来自有限字母表的符号，字母表中有一个特殊的符号表示空白。纸带上的格子从左到右依次被编号为0、1、2……纸带的右端可以无限伸展。

②一个读写头(HEAD)。该读写头可以在纸带上左右移动，它能读出当前所指的格子上的符号，并能改变当前格子上的符号。

③一套控制规则(TABLE)。它根据当前机器所处的状态以及当前读写头所指的格子上的符号来确定读写头下一步的动作，并改变状态寄存器的值，令机器进入一个新的状态。

④一个状态寄存器。它用来保存图灵机当前所处的状态。图灵机的所有可能状态的数目是有限的，并且有一个特殊的状态，称为停机状态。

注意这个机器的每一部分都是有限的，但它有一个潜在的无限长的纸带，因此这种机器只是一个理想的设备。图灵认为，这样的一台机器就能模拟人类所能进行的任何计算过程。

7.4 晶体管计算机的产生与发展

晶体管计算机是第二代电子计算机。在20世纪50年代之前，第一代计算机都采用电子管作为基本元件。电子管元件在运行时产生的热量太多，可靠性较差，运算速度不快，价格昂贵，体积庞大，这些都使计算机发展受到限制。于是，晶体管开始被用作计算机的基本元件。晶体管不但能实现电子管的功能，而且具有尺寸小、重量轻、寿命长、效率高、发热少、功耗低等优点。使用晶体管后，电子线路的结构大大改观，体积减小，寿命大大延长，价格降低，制造高速电子计算机就更容易实现了。

典型的晶体管计算机，有美国无线电公司的501型和IBM公司的7 090型。晶体管计算机时代，还诞生了初期的编程语言，包括1954年的FORTRAN、1956年的COBOL，还有1964年的BASIC。

这一阶段的计算机存储，主要是磁芯，由华人王安发明。他曾经在艾肯的哈佛计算实验室工作，是艾肯的助手。艾肯指派他构想数据的存储，他研发出使用磁性材料实现的计算机存储——磁芯。后来，王安还创办了大名鼎鼎的王安实验室公司，生产文字处理机，以及后续的小型商用电脑等产品。这些成就使他成为“电脑大王”。

磁芯呈环状，尺寸很小，使用时需要用不同的导线把这个磁芯串起来，形成了一个阵列，阵列中的每颗磁芯就能存储 0 或 1。选址和读写用的导线，需要人工穿过磁芯，在强光下戴着放大镜进行。导线穿过磁芯后，将大量磁芯板以单板、双板、多板的形式排列，即可做成磁芯阵列进行信息的存储。每一个磁芯存储一个 bit 的数据，当时的存储容量小，且制作非常困难。

7.5 集成电路计算机的产生与发展

第三代计算机，即集成电路计算机。其特征是以大规模集成电路(large-scale integration，LSI)来构成计算机的主要功能部件，每片上集成几百到几千个逻辑门，主存储器采用集成度很高的半导体存储器。运算速度可达每秒几百万次甚至上亿次基本运算。在软件方面，出现了数据库系统、分布式操作系统等，应用软件的开发已逐步成为一个庞大的现代产业。

比较经典的集成电路计算机，是 IBM 公司在 1964 年研制的 360 系列。1967 年和 1977 年，分别出现了大规模和超大规模集成电路。由大规模和超大规模集成电路组装成的计算机，被称为第四代电子计算机。美国 ILLIAC-Ⅳ计算机，是第一台全面使用大规模集成电路作为逻辑元件和存储器的计算机，它标志着计算机的发展已到了第四代。1975 年，美国阿姆尔公司研制成 470V/6 型计算机。随后，日本富士通公司生产出 M-190 机，是比较有代表性的第四代计算机。英国曼彻斯特大学于 1968 年开始研制第四代计算机，1974 年成功研制 ICL2900 计算机，1976 年研制成功 DAP 系列机。1973 年，德国西门子公司、法国国际信息公司与荷兰飞利浦公司联合成立了统一数据公司，共同研制出 Unidata7710 系列机。

回顾现代电子计算机的历史可以看到，它的分类还可以参照巨型机、大型机、迷你机和微型机框架进行。巨型机的代表是 1976 年研发的克雷 1(CRAY I)；大型机，主要以 IBM 的系列为代表，如 20 世纪 50 年代研发的 IBM 701，UNIVAC 90/30 等；迷你机，也被称为“小型机”，以 20 世纪 60 年代开始出现的 VAX750、HP 1000 等为代表；具有代表性的微型机是 1983 年研发的 Apple Lisa 和 1987 年研发的 Apple Macintosh-Ⅱ等。

7.6 中国计算机的发展

华罗庚是中国计算技术的奠基人和最主要的开拓者之一。正值冯·诺依曼开创性地提出并着手设计存储程序通用电子计算机 EDVAC 时，正在美国普林斯顿大学工作的华罗庚教授参观了冯·诺依曼的实验室，并经常与他讨论有关学术问题。1950 年，华罗庚回国。在 1952 年全国大学院系调整时，他从清华大学电机系物色了闵乃大、夏培肃和王传英三位科研人员，在他任所长的中国科学院数学所内，建立了中国第一个电子计算机科研小组。1956 年，筹建中国科学院计算技术研究所时，华罗庚教授担任筹备委员会主任。

中国从 1957 年开始研制通用数字电子计算机。1958 年 8 月 1 日，研制出可以演示短程序运行的计算机，这标志着中国第一台电子计算机诞生。为纪念这个日子，该机定名为八一型数字电子计算机。该机在 738 厂⑥开始少量生产，改名为 103 型计算机(图 7-7)，即 DJS-1 型，共生产 38 台。

图 7-7　103 型计算机(曲阜师范大学图书馆藏)

1958 年 5 月，中国开启了第一台大型通用电子计算机——104 机的研制，以苏联当时正在研制的 БЭСМ-Ⅱ计算机为蓝本。在苏联专家的指导帮助下，中国科学院计算技术研究所、四机部、七机部和部队的科研人员与 738 厂密切配合，于 1959 年国庆节前完成了研制任务。

在研制 104 机的同时，夏培肃领导的科研小组，首次于 1960 年 4 月自行设计，研成功制一台小型通用电子计算机——107 机。

1964 年，中国第一台自行设计的大型通用数字电子管计算机 119 机，研制成功。该机性能达到平均浮点运算速度每秒 5 万次，参加 119 机研制的科研人员约有 250 人，有十几个单位参与协作。

中国在研制第一代电子管计算机的同时，已同步启动研制晶体管计算机。1965 年，成功研制第一台大型晶体管计算机——109 乙机。实际上，从 1958 年起，中国科学院计算技术研究所就开始酝酿启动。在国外禁运条件下，要造晶体管计算机，必须先建立一个生产晶体管的半导体厂(中国科学院 109 厂)。时任中国科学院院长的郭沫若曾说，有了 109 厂，中国就有半导体事业了。经过两年努力，中国科学院 109 厂就提供了机器所需的全部晶体管。当时计划 109 乙机需要 2 万多支晶体管，3 万多支真空二极管。对 109 乙机加以改进，两年后又推出 109 丙机，为用户运行了

---

⑥　国营 738 厂，即北京有线电总厂，是国家“一五”期间苏联援建的“156 项工程”之一。1957 年，该厂建成投产，我国第一台电子计算机和第一部电话交换机就诞生在该厂。

15 年，有效计算时间 10 万小时以上。在我国“两弹”试验中发挥了重要作用，被使用者誉为“功勋机”。

中国工业部门在第二代晶体管计算机研制与生产中，已发挥重要作用。华北计算所先后研制成功 108 机、108 乙机（DJS-6）、121 机（DJS-21）和 320 机（DJS-6），并在 738 厂等五家工厂生产。哈尔滨军工大学（简称“哈军工”，国防科技大学前身）于 1965 年 2 月，成功研制 441-B 晶体管计算机，并小批量生产了 40 多台。

像 441-B 这样一台晶体管计算机造出来不容易，也无法用生产线进行量产。所以，各个地区派小组为代表，到哈军工去进行仿制。在西南片区，成都电讯工程学院的计算机系的教师和工程师组建小组到哈军工学习技术，然后取回零部件，在成都也造了一台 441-B 晶体管计算机，用于教学和研究。可惜的是，这台 441-B 在 20 世纪 80 年代被处理掉了，目前仅有一块 441-B 的磁芯板被保留下来，如图 7-8 所示。

图 7-8　441-B 磁芯板（电子科技博物馆藏）

1964 年，IBM 公司推出 360 系列大型机，这是美国进入第三代计算机时代的标志。中国第三代计算机的研制受到时代的影响，直到 1970 年初期，才陆续推出大、中、小型采用集成电路的计算机。1973 年，北京大学与北京有线电厂等单位合作，成功研制运算速度每秒 100 万次的大型通用计算机。进入 20 世纪 80 年代，中国的高速计算机，特别是向量计算机有了新的发展。

1983 年 11 月，中国科学院计算技术研究所完成我国第一台大型向量机——757 机，计算速度达到每秒 1 000 万次。

这一纪录，同年就被国防科技大学研制的银河-Ⅰ（YH-1）亿次巨型计算机打破。银河-Ⅰ巨型机（图 7-9），是中国高速计算机研制的一个里程碑。它标志着我国 20 世纪 60 年代与国外拉大的距离，又缩小到 7 年左右（因为银河-Ⅰ的参考机克雷-1 于 1976 年推出）。

图 7-9　银河-Ⅰ巨型机(电子科技博物馆藏)

和国外一样，中国第四代计算机研制也是从微机开始的。1980 年初，我国不少单位也开始采用 Z80、X86 和 M6800 芯片研制微机。1983 年 12 月，电子部六所，研制成功与 IBM PC 机兼容的 DJS-0520 微机。随后十多年，中国微机产业发展势头良好，以联想微机为代表的国产微机占领超过一大半国内市场。

1992 年，国防科技大学成功研制银河-Ⅱ通用并行巨型机，峰值速度达每秒 4 亿次浮点运算，相当于每秒 10 亿次基本运算操作。在总体上，达到 80 年代中后期国际先进水平。由于各种因素，银河-Ⅱ主要服务于中国气象局。

从 20 世纪 90 年代初开始，国际上采用主流的微处理器芯片研制高性能并行计算机，这成为一种发展趋势。1993 年，国家智能计算机研究开发中心，成功研制曙光一号全对称共享存储多处理机。1995 年，国家智能计算机中心又推出了国内第一台具有大规模并行处理机(MPP)结构的并行机曙光 1 000，该机含 36 个处理机，峰值速度每秒 25 亿次浮点运算，实际运算速度达到了每秒 10 亿次浮点运算这一高性能台阶。

1997 年，国防科技大学研制成功银河-Ⅲ百亿次并行巨型计算机系统，采用可扩展分布共享存储并行处理体系结构，由 130 多个处理节点组成，峰值性能为每秒 130 亿次浮点运算，系统综合技术达到 90 年代中期国际先进水平。2002 年，国防科技大学成功研制银河-Ⅳ巨型计算机(图 7-10)，其峰值性能达到每秒 1.064 7 万亿次浮点运算，各项指标均达到国际先进水平。

图 7-10　银河-Ⅳ(电子科技博物馆藏)

国家智能机中心与曙光公司于1997至1999年先后在市场上推出具有机群结构的曙光1 000 A、曙光2000-I、曙光2000-Ⅱ超级服务器，峰值计算速度已突破每秒1 000亿次浮点运算，机器规模已超过160个处理机。2000年，又推出了每秒浮点运算速度3 000亿次的曙光3000超级服务器。2004年上半年，推出每秒浮点运算速度1万亿次的曙光4000超级服务器。图7-11为天河Ⅱ号计算机插件板。

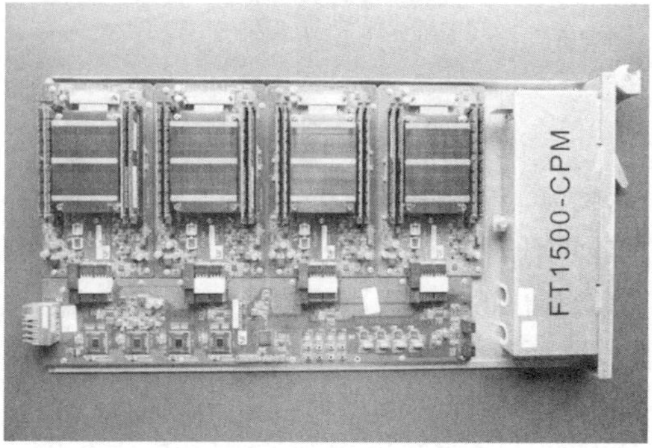

图7-11　天河Ⅱ号计算机插件板(电子科技博物馆收藏)

纵观中国高性能通用计算机的研制历程，从103机到曙光机，走过了一段从模仿学习到自主创新之路。总的来讲，国内外标志性计算机推出的机型，国外的代表性计算机为ENIAC、IBM 7090、IBM 360、CRAY-1、Intel Paragon、IBM SP-2，国内的代表性计算机为103、109乙、150、银河-Ⅰ、曙光1000、曙光2000。

7.7　电子计算机的发展趋势

智能化。智能化，就是要求计算机能模拟人的感觉和思维能力，也是第五代计算机要实现的目标。智能化的研究领域很多，其中最有代表性的领域是专家系统和机器人。目前，已研制出的机器人可以代替人从事危险环境的劳动，运算速度为每秒约十亿次的“深蓝”计算机战胜了国际象棋世界冠军加里·卡斯帕罗夫(Garry Kasparov)。展望未来，计算机的发展必然要经历很多新的突破。从目前的发展趋势来看，未来的计算机将是微电子技术、光学技术，甚至量子技术深度融合的时代。

微型化(或体积微型化)。20世纪70年代以来，由于大规模和超大规模集成电路的飞速发展，微处理器芯片连续更新换代，微型计算机连年降价，加上丰富的软件和外部设备，操作简单，使微型计算机很快普及到社会各个领域，并走进了千家万户。

随着微电子技术的进一步发展，微型计算机将发展得更加迅速，其中笔记本型、掌上型等微型计算机必将以更优的性价比受到人们的欢迎。

巨型化(或功能巨型化)。巨型化是指具有高速运算、大存储容量和强功能的巨型计算机。其运算能力一般在每秒百亿次以上、内存容量在几百兆字节以上。巨型计算机主要用于尖端科学技术和军事国防系统的研究开发。

巨型计算机的发展集中体现了计算机科学技术的发展水平，推动了计算机系统结构、硬件和软件的理论和技术、计算数学以及计算机应用等多个科学分支的发展。

网络化(或资源网络化)。网络化是指利用通信技术和计算机技术，把分布在不同地点的计算机互联起来，按照网络协议相互通信，以达到所有用户都可共享软件、硬件和数据资源的目的。现在，计算机网络在交通、金融、企业管理、教育、邮电、商业等各行各业中得到广泛的应用。

思考

1. 历史上，让你印象最深刻的电子计算机是哪一台？为什么？

2. 如果现在需要对全世界的机器人设计三条规则，以保证它们继续为人类服务，不会“接管”人类的世界，你会怎样设计？

本章参考文献

[1] DUMMER G W A. Electronics Inventions and Discoveries: Electronics from its earliest beginnings to the present day [M]. Oxford: Pergamon Press, 1983.

[2] GREENGARD S. ENIAC turns 75 [Z/OL]. Communications of the ACM, 2021.

[3] 徐祖哲. 溯源中国计算机[M]. 北京: 生活·读书·新知三联书店, 2015.

[4] 中国科学院."七五七"工程千万次计算机[Z/OL]. 北京: 中国科学院, 2009.

[5] 司宏伟. 神机妙算会“银河”: 中国第一台巨型计算机“银河-Ⅰ”的研制、创新与影响[M]. 北京: 人民邮电出版社, 2024.

第八章　电子科技产业的全球化

现在，5G 的核心概念是什么？万物互联。这个概念的雏形是博物学家亚历山大·冯·洪堡提出的。这位博物学家走过了世界很多地方，提出大自然的万事万物是可以联系在一起的，即“自然整体观”。我们现在可能觉得这个理念好像司空见惯，但是在那个年代没有人提出来。

他的兄弟威廉·冯·洪堡（Wilhelm Von Humboldt）在任普鲁士内政部文化教育司司长期间，主导建立了洪堡大学，这是现代研究型大学的雏形。威廉·冯·洪堡把科学发展放到至高无上的地位，认为大学是带有研究性质的学校，是高等学术机构。他的大学理念对后世大学的发展产生了深远影响。

8.1　从电子产业看全球化

本书探讨的内容似乎还未聚焦探讨电子科技所在的产业。实际上，前七章内容都已经涉及了电子科技产业的发展。通过历史发展进程、技术转移过程，可以发现，除了国家主控的规划领域外，发展的驱动力都是利益最大化，即以需求为目标。

当我们回顾过去 100 年来电子科技的发展及其产业的发展时，发现逐渐衍生出四个压力。有压力就有动力，所以也形成了四个动力方向，这四个压力强力地推动着电子科技产业的发展。

第一个压力是价格压力。最典型的案例是在摩尔定律下，价格与研发的互动关系，如图 8-1 所示。我们都知道摩尔定律是每两年单位面积集成晶体管的数量翻一番。但是，它实际上是价格和研发互动的动态关系。我们设想，今天投入了大量经费到研发里，提高了生产效率。以前每天只能生产 5 000 片芯片，现在提高到每天可以生产 1 万片。这会导致什么结果呢？生产效率提高，生产成本就会下降。结果就是单片的价格会下降，因为物以稀为贵，产量高了，价格自然下降。而价格下降过后，又想提高利润。有什么办法呢？那就只有继续投入技术和创新，让的技术更新生产更多的芯片，让成本降低。

看似很简单，就是一个基本的"价格－价值"规律。但是，当我们沉浸在半导体物理的科学中，沉浸在电路分析，沉浸在模拟电路和数字电路的技术分析里，往往无法跳脱出电子来看电子。电子科技所在的产业面临的第一个压力来自价格。它背后不仅涉及创新扩散理论，还直指着电子产业核心的动态平衡的维护。

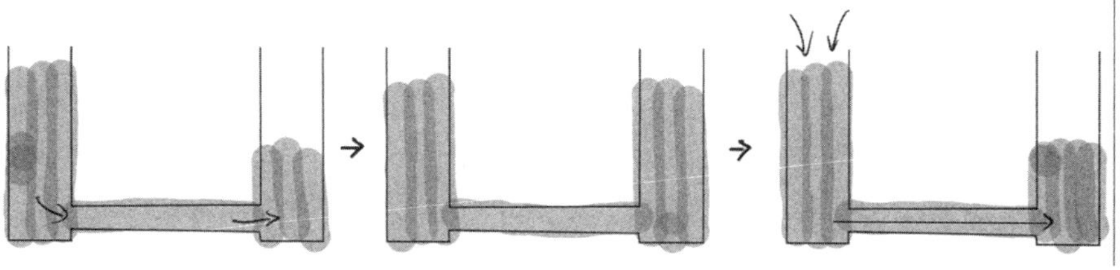

图 8-1　价格"压力"动态图

第二个压力是软件压力。计算机历史上一个重大的事件，就是冯·诺依曼提出的计算机结构，这个结构里面有特别突出的一点，就是存储程序方式诞生。试想那个时代的计算机没有存储功能，每次重新启动后都要重装系统，还要重新安装应用程序，再用某种方式输入数据，进行处理和计算，再输出数据。它的附加值在哪里呢？主要在它的硬件上，那是不是意味着要提高这台计算机的性能，就必须要将它的硬件研发得越来越好。但是，随着数据存储方式的变革，磁芯存储、纸带存储等等这些方式独立出来，要提高它的附加值，除了硬件方面，还可以提升软件。所以，这为计算机产业的发展开辟了一个新赛道，把软件越做越强，硬件作为原有赛道继续保持。软件业成为过去几十年呈现爆发式增长的电子信息行业。

第三个压力是数字化压力。其实，这个压力来源于第二个压力。在成熟的现代企业当中，平时的工作流推动着每个岗位按照流程化、标准化将工作所需的所有技术文档定好，输入、执行和输出都是标准的流程化过程和结果。任何一个岗位的人员一旦进行替换，下一个接替的人员能在极短时间内按照技术文档接好班，从而保证整体工作流的顺利进行。像这样数字化的处理，流程化的管理这种形式形成第三个压力，就是怎样把这些流程都做成一个数字化的闭环，不断优化数字化流程管理。例如，华为公司在发展到一定规模时，为了打破传统的管理和治理模式，曾专门购买了 IBM 公司的管理咨询服务，为华为重新搭建数字化管理和治理架构，使得华为能在跻身全球市场的同时，具备极强的研发能力和高效的生产效率。

第四个压力是网络压力。随着 20 世纪 90 年代互联网的诞生，全球化进程不断完成拼图，企业之间交易成本降低了，各个领域不断细分，电子科技的驱动，使得各行各业加速分工，包括电子科技产业本身。因此，任何一个领域都不用在同一家企业内从头到尾把产业链全部覆盖完。例如，在贸易方面，不用再去管物流是哪个部门负责，因为物流公司都可以负责。只需要做好细分领域中专有的那一“环”，将其做到极致，就可以了。所以，降低了企业和企业之间的门槛，同时也加速了分工。半导体行业里，张忠谋所开创的代工厂模式，就是电子科技带来的行业加速分工的经典案例。

回看电子科技产业的过去 100 年，它的创新是什么？其实，就是结构的调整、分工的细化和媒介的转变。通信行业是如此，半导体行业亦是如此。电子科技促成产业结构调整，真实部分和虚拟部分在互动变化，由实转虚，技术使得人逐渐可以利用机器、电子电路和信息处理机，实现生产和生活。分工逐步细化，半导体中的 IDM 演化，像蒲公英吹散开一样，不断萌发出许多设计公司、代工工厂和其他材料和装备企业。人类控制的媒介也循序转变，技术从人工，转移到机械，到电气，到机械与电气配合的机电，再到全电子电路，不断微观化后，进入微电子系统，以实现信息的处理和交换。

电子科技产业 100 多年的创新就集中于此：结构的调整、分工的细化、媒介的转变。这是电子科技整个产业发展的一个缩影，一定程度牵引和推动着各细分领域不断向前。

8.2 从索尔维会议看全球化

电子科技过去百年的发展，成为技术转移、创新扩散的直接载体和强力催化剂，极大促进着全球化进程。今天每个独立的个体都身处在第三次浪潮中，身处在整个社会全球化中。

20 世纪物理史上影响颇大的、大师云集的索尔维物理会议，就显示了直接后果。

欧内斯特·索尔维(Ernest Solvay)生长在比利时，年轻时研究化学制碱而成为富豪。他一生都沉迷于科学，也把科学家视作偶像。晚年的索尔维认识到个人力量有限，就筹备基金会，每三年举办一次科学会议，把全世界最杰出的科学家邀请到一起，聚集讨论最热议、最前沿的科学问题。他希望能借此会议，让科学家的思维碰撞交流，以此为平台改变世界，也希望讨论出的科学成果，能顺利应用到人类的生活中。索尔维会议从1911年开始举办，后来一直由索尔维家族五代和比利时法语布鲁塞尔自由大学组织举办，一直延续至今。

第一届索尔维物理学会议召开时，其中有四分之一的创始人和成员来自德国，如图8-2所示。由此可见，德国当时在物理领域的影响之大。会议的核心人物是荷兰理论物理学家亨德里克·安东·洛伦兹(Hendrik Antoon Lorentz)。他是第一代理论物理学家，是经典物理与近代物理的一位承上启下式的领袖，长期在荷兰莱顿大学工作。他创立了电子论，导出了爱因斯坦的狭义相对论的基础变换方程，就是众所周知的洛伦兹变换，他也成为1902年诺贝尔物理学奖获得者。第一届索尔维物理会议的主题是普朗克和爱因斯坦的量子论。出席会议的24位科学家中有6位来自德国，包括瓦尔特·赫尔曼·能斯特(Walther Hermann Nernst)、马克斯·卡尔·恩斯特·路德维希·普朗克(Max Karl Ernst Ludwig Planck)等，其中4位参与了学会创建。

图8-2 第一届索尔维物理学会议合照

1913年，第二届索尔维物理学会议举办，主题为“物质的结构”。出席会议的30位科学家中有7位来自德国。

在1914年《九三宣言》发表后，第三届索尔维物理学会议因战争延迟召开，在1921年才举办，主题为“原子与电子”。受邀的德国科学家，就只有爱因斯坦一人。第四届会议于1924年举办，主题为“电”，受邀德国科学家的情况亦是如此。

第五届索尔维物理学会议于1927年举办，主题为“电子与光子”，此次会议可谓物理史上的群星璀璨。出席会议的29位科学家有17位获得诺贝尔奖，如图8-3所示。会议上，科学家主要分为了三派，进行争论与探讨，一派是以海森堡和波尔为代表的哥本哈根学派，一派是以薛定谔和爱因斯坦为首的哥本哈根反对派，还有一派是以康普顿和布拉格为首的实验派。会议也成为玻尔和爱因斯坦世纪争论的起点。值得注意的是，本届会议德国科学家数量得以回升。

综合五届索尔维物理学会议来看，第三届、第四届会议，德国受邀的学者就只有爱因斯坦一人，德国因为战争和宣言，将自己孤立。德国的国际合作、国际交流全部中断，在国际上的科学影响力大跌，阻断了德国科学家的学术自由，造成了严重影响。

随着战争影响的减弱，第五届索维尔物理学会议中，德国科学家出席数量得以回升。但是，这届会议也像分水岭一样，往不可逆的方向延伸。在1933年之前，美国只有5位诺贝尔奖得主，而此前作为世界文化和科学中心的德国有31位诺贝尔奖得主。在1933年之后，以爱因斯坦为代表的6位德国诺贝尔奖得主移居到美国，此外还带去了未来的11位新的诺贝尔奖得主。科学、技术、创新，开始从传统欧洲向新兴美国转移。

所以，无论何时都需要拥抱全球化，无论何时都需要警惕逆全球化的思潮。

皮卡尔德	亨利厄特	埃伦费斯特	赫尔岑	德·唐德	薛定谔	费尔沙菲尔特	泡利	海森堡	福勒	布里渊
	德拜	克努森	布拉格	克拉莫斯	狄拉克	康普顿	德布罗意	玻恩	玻尔	
	朗缪尔	普朗克	玛丽·居里	洛伦兹	爱因斯坦	郎之万	古耶	威尔逊	理查森	

图 8-3　第五届索尔维物理学会议

8.3　从知识流动看全球化

继续围绕全球化，科学、技术、创新的迁移，需要知识的流动。全球化仿佛就是一个不断迭代的知识生态，动态地包裹整个地球的过程。知识流动到某地，种下、生根、发芽，再结出新的果实。当然，也难免可能种下后就停滞了。所以，知识流动起来后，创新能否生根发芽和结果，还要考虑所到之地的土壤、环境和养分如何，这在全世界范围内有许多成功、失败的案例。

如果，把过去100年电子领域的每一个发现、发明和创造，看作一个颗粒度或者一个单位。比如，1904年真空二极管的诞生、1906年三极管的诞生，记作数量1。那么，据不完全统计，过去百年电子科技史可以从这样一个角度来描述，欧洲、美国、俄罗斯、日本和中国的情况大致如图8-4所示。

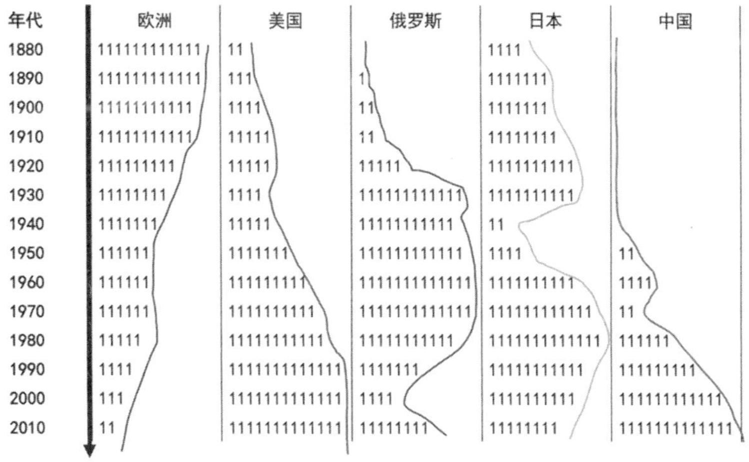

图8-4　近百年电子科技的发明和创造分布：欧洲、美国、俄罗斯、日本、中国

从19世纪末开始，欧洲的发现、发明和创造就开始减少，正如前述索尔维会议造成的影响，整个中心呈现往其他地区转移之势，主要是转移至美国。美国经历了20世纪30年代的经济萧条，随着第二次世界大战带来了更多发展机会，在电子科技领域的发现、发明和创造逐步蓬勃发展、爆发式增多，逐步步入创新强国之列。从20世纪30年代开始，苏联的科技迅速走入正轨，在冷战时期达到巅峰，但随着20世纪90年代解体，其在电子科技领域的创新严重下滑。日本在第二次世界大战前已经飞速发展，但第二次世界大战中原子弹的打击和战败，使得日本推倒重建，美国扶植政策让日本在20世纪六七十年代再次迎来大发展，美国见势采取措施，实施半导体制裁计划，从1985年广场协议，美国便开始采取了一系列的制裁，不仅在技术上，而且在货币政策上也进行了一系列的制裁，所以日本经济立即下滑。中国在1949年之前几乎没有电子工业，20世纪50年代在苏联援建下，建立了一定基础。许多先驱归国建设，随着三线建设、改革开放，电子科技领域迅猛发展。

所以，如果用一些曲线来描述，再做一个转置，就会得到图8-5。在全世界不同区域的电子科技发展历史中，总有一些拐点或者趋势，会明示或者暗示一些内在规律和时代特征。或者说，这也正是该区域当时的社会、经济的折射和反映。20世纪40年代，俄罗斯、中国在第二次世界大战后的崛起等，恰恰就是依靠科学。有的人说，科技的进展是来自内部的动力，来自一场又一场的科学革命。那更多的可能是，科技进展还来自社会、经济和地缘政治对它的塑造。知识的交流碰撞早已经跨过语言与国境的障碍，但是它又必须和国际地缘政治强烈地绑定到一起。

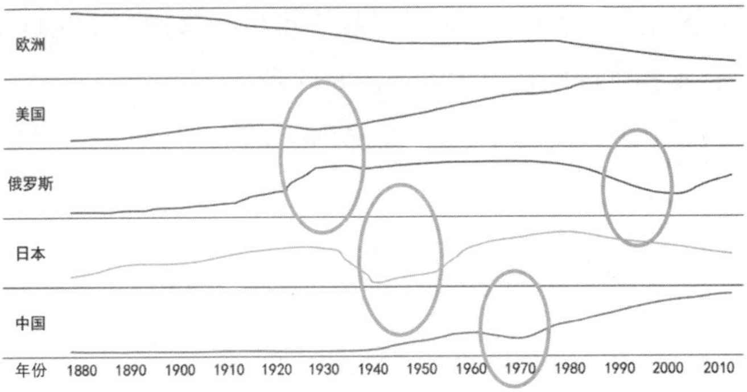

图 8-5 近百年电子科技的发明和创造分布

在第五章中，曾提到万用表背后的技术转移，在第三章中也提到了波导背后的技术转移。回望历史，19 世纪末，德国将技术转移至俄国，俄国靠德国的支持建立了科学院，然后迅速发展了 30 年，实现了工业化。历史总是惊人相似，20 世纪 50 年代，中国在第一个五年计划期间，得到了苏联援建，中国建立了初步的工业基础。过去几十年，中美之间也进行过多次科技交流。

人必然向往善和崇高伟大的事物，这是人类的本质。

思考

1. 以荷兰 ASML 公司的光刻机为例，绘制其核心部件的全球供应链地图，试分析为何没有单一国家能够独立制造 EUV 光刻机，以及这种分工模式对技术创新有何利弊。
2. 回看过去百年电子科技的发展，其呈现什么样的规律和特点？试从某一细分领域出发，进行分析。
3. 了解 20 世纪索尔维会议（物理学家协作）的跨国合作模式，试分析该模式中知识共享、知识产权保护的利与弊，并说明该模式演变中全球化规则的变迁。
4. 近年来美国对中国半导体产业的制裁与荷兰 ASML 公司对华光刻机出口限制，是否意味着全球化退潮？对此你有何种预判。
5. 反思电子产业全球化是否加剧了资源消耗、碳排放和数字鸿沟等问题，尝试讨论设计一个兼顾技术公平性和环境可持续性的全球化新框架，并提出三项具体建议。

本章参考文献

[1]武尔夫 A. 创造自然: 亚历山大·冯·洪堡的科学发现之旅[M]. 杭州: 浙江人民出版社, 2018.

[2]刘宝存. 洪堡大学理念述评[J]. 清华大学教育研究, 2002(1): 63-69.

[3]汪波. 芯片简史 [M]. 杭州: 浙江教育出版社, 2023.

[4]费爱心, 王安铁, 关瑜桢. 哈纳克原则的遵循与背离: 威廉皇帝学会对一战的因应[J]. 自然辩证法研究, 2022, 38(06): 84-89.

[5] INSTITUTE I S. Welcome to the Solvay Institutes [Z]. Brussels, Belgium; International Solvay Institute. 2024.

[6]KRIGE J. How Knowledge Moves: Writing the Transnational History of Science and Technology [M]. Chicago: The University of Chicago Press, 2019.

[7]格雷厄姆. 俄罗斯和苏联科学简史[M]. 上海: 复旦大学出版社, 2000.

[8]山本义隆. 日本科技 150 年[M]. 杭州: 浙江人民出版社, 2020.

[9]张柏春, 张久春, 胡芳. 苏联技术向中国的转移[M]. 济南: 山东教育出版社, 2005.